ANSYS CFX 对流传热数值模拟基础应用教程

孙纪宁　编著

国防工业出版社

·北京·

图书在版编目(CIP)数据

ANSYS CFX 对流传热数值模拟基础应用教程 / 孙纪宁
编著. —北京:国防工业出版社,2012.2 重印
ISBN 978 – 7 – 118 – 06787 – 3

Ⅰ. ①A… Ⅱ. ①孙… Ⅲ. ①对流传热 – 数值模拟 – 应
用软件,ANSYS CFX – 教材 Ⅳ. ①TK124 – 39

中国版本图书馆 CIP 数据核字(2010)第 046614 号

※

国防工业出版社出版发行

(北京市海淀区紫竹院南路 23 号 邮政编码 100048)
国防工业出版社印刷厂印刷
新华书店经售

*

开本 787 × 1092 1/16 印张 13¾ 字数 316 千字
2012 年 2 月第 2 次印刷 印数 3001—4500 册 定价 46.00 元(含光盘)

(本书如有印装错误,我社负责调换)

国防书店:(010)88540777   发行邮购:(010)88540776
发行传真:(010)88540755   发行业务:(010)88540717

前　言

计算流体力学(CFD)从 20 世纪 60 年代开始发展,具有 40 多年的历史。最初,它是科学家们对自然界中的基本流动和传热现象进行研究的科研工具,只存在于象牙塔中。经过 20 年的发展,这一技术开始成熟,它的应用领域也逐渐从最基本的流动和传热现象扩展到比较复杂的工程问题。然而,CFD 程序要求使用者具有较深厚的流体力学和传热学等理论知识以及高等数学、数值算法等数学知识,这使它无法成为普通流体工程师可以掌握的工具。从 20 世纪 70 年代末、80 年代初开始,在商业市场的推动下,这一技术开始被商业化,商用 CFD 软件开始出现。

商用 CFD 软件的特点是技术成熟,软件界面友好、简便。商用 CFD 软件采用的流体理论和数值算法一般都经历过长期的科学论证,这一论证时间通常都要在 10 年左右。所以从流体理论和数值算法上看,商用 CFD 的技术不属于前沿研究课题。对商用 CFD 软件,我们的态度是使用成熟的流体理论和数值算法,解决前沿的应用课题。

当前,商用 CFD 软件市场一片繁荣。国内市场上比较常见的软件包括 Fluent、CFX、Star－CD、Phoenix、CFD－ACE＋、CFD＋＋等。大批的流体工程师和科研人员正在应用这些软件解决现实工程问题,还有更多的流体工程师正在学习这些软件,期望能在将来的研究中应用 CFD 这一工具。

目前,一些商用 CFD 软件的学习者都是基于软件自带的培训教程学习 CFD 软件。这些培训教程的目的主要是为了介绍软件的各种功能,而不是教学习者如何解决某个专业问题。所以这类教程看完后,只了解了软件功能,对于如何解决本专业的某个具体问题,学习者仍然是一头雾水。

作为国内 ANSYS CFX 第一本教材,本书案例编排从对流传热专业角度出发,通过讲解典型传热问题的算例,让读者了解如何用 CFX 解决对流传热问题,同时学习 CFX 软件中求解对流传热问题相关功能的使用方法及技巧。

本书假设读者已学过计算传热学,了解质量守恒方程、动量守恒方程和能量守恒方程,通用型流体方程的四大项:非稳态项、对流项、扩散项和源项,离散的概念,离散方程的过程,离散后的非线形代数方程组的迭代求解过程,一般残差定义,知道结构化网格和非结构化网格的概念。

本书包括下列具体内容:

第 1 章,CFX 软件简介。本章简单介绍 CFX 的主要功能,便于读者对 CFX 软件有一个宏观了解。

第 2 章,CFX 软件结构。CFX 不是在一个软件界面下完成全部功能,而是一个软件包。本章介绍 CFX 软件包内的具体程序模块及相应功能。

第 3 章,对流传热基本求解过程。通过管道内的流体将热量带走,是对流传热的一个常用手段。本章讲解一个内冷换热回转通道的计算过程，从一个已有的几何模型开始，到得到最终的计算结果。本章涉及到的知识包括四面体网格生成、设置求解条件、启动求解器、查看计算结果。

第4章，边界层网格。众所周知，壁面边界层内的法向速度梯度大，温度梯度也大，壁面附近是流动阻力和热流的密集区域，是保证总体计算结果准确的关键区域。因此壁面附近的边界层网格对于对流传热过程至关重要。本章以第3章的对流传热过程为例，讲解如何生成边界层网格。

第5章，六面体网格。前面章节全部的计算都是以四面体网格为基础的。通常认为，相比四面体网格，六面体网格在计算速度、收敛性方面都具有一定的优势，所以划分六面体网格是对流传热计算专业人员必不可少的技能。本章将在前面章节介绍的叶片简单内冷通道计算的基础上，用六面体网格重新对该问题进行计算，讲解基本的六面体网格生成过程。并讲解一个圆弧回转通道的拓扑划分技巧，以增强读者对六面体网格生成过程的印象。

第6章，网格无关解。通过对第3、4章的介绍，我们已经知道了边界层网格，但边界层不是保证计算结果的准确性的，只是让我们用尽量少的网格来获得尽量精确的解。提高计算精度的终极方法仍然在于增加网格数量。人们在计算实践中发现，对同一个问题，如果不断增加网格数量到某一数值后，再增加网格数量，计算结果变化将越来越小甚至不再变化。此时的解人们称为网格无关解。可以说，网格无关解是我们能获得的最精确的数值解。本章将通过一个具体算例讨论网格无关解的验证过程。

通过本书学习，读者将了解如何计算对流传热问题以及 CFX 软件的使用流程、基本参数含义和必要的应用技巧。通过课后实际操作练习文件，读者将能用四面体＋边界层网格和六面体网格独立完成内冷传热通道对流传热过程的计算。

在之前的讲义初稿中，作者一直使用的是 ANSYS CFX10.0 版本界面的讲稿。为了使广大读者能学习到最新版本，安世亚太公司的杨振亚博士和赵亚辉经理为作者免费提供了 ANSYS CFX12.0 的原版光盘和试用 License，帮助作者得以顺利完成书稿的截图，在此表示由衷感谢！

另外，作者要感谢张奕欣女士和孙卿珊女士，正是在她们的建议和鼓励下，作者才鼓起信心，提笔开始本书的写作。还要感谢硕士生张传杰为本书的完成付出的大量时间和精力。

限于作者的经验和水平，书中难免出现错误，欢迎广大读者批评和指正。

孙纪宁

2009 年于北京航空航天大学

sunjining@ buaa. edu. cn

目　录

V

第1章 CFX 软件简介

1.1 发展历史

CFX 是全球第一个通过 ISO9001 质量认证的大型商业 CFD(计算统计力学)软件,是英国 AEA Technology 公司为解决其在科技咨询服务中遇到的工业实际问题而开发的。诞生在工业应用背景中的 CFX 一直将精确的计算结果、丰富的物理模型、强大的用户扩展性作为其发展的基本要求,并以其在这些方面的卓越成就,引领着 CFD 技术的不断发展。目前,CFX 已经遍及航空航天、旋转机械、能源、石油化工、机械制造、汽车、生物技术、水处理、火灾安全、冶金、环保等领域,为其在全球 6000 多个用户解决了大量的实际问题。

回顾 CFX 发展的重要里程,总是伴随着它对革命性的 CFD 新技术的研发和应用。1995 年,CFX 收购了旋转机械领域加拿大著名的 ASC 公司,推出了专业的旋转机械设计与分析模块——CFX – Tascflow,该模块一直占据着 80% 以上的旋转机械 CFD 市场份额。同年,CFX 成功突破了 CFD 领域的在算法上的又一大技术障碍,推出了全隐式多网格耦合算法,该算法以其稳健的收敛性能和优异的运算速度,成为 CFD 技术发展的重要里程碑。CFX 一直和许多工业和大型研究项目保持着广泛的合作,这种合作确保了 CFX 能够紧密结合工业应用的需要,同时也使得 CFX 可以及时加入最先进的物理模型和数值算法。作为 CFX 的前处理器,ICEM CFD 优异的网格技术进一步确保 CFX 的模拟结果精确而可靠。

2003 年,CFX 加入了全球最大的 CAE 仿真软件 ANSYS 的大家庭中并正式更名为 ANSYS – CFX。ANSYS – CFX 的用户将会得到包括从固体力学、流体力学、传热学、电学、磁学等在内的多物理场及多场耦合整体解决方案。

1.2 产品特色

ANSYS – CFX 是全球第一个在复杂几何、网格、求解这三个 CFD 传统瓶颈问题上均获得重大突破的商业 CFD 软件,其特点如下:

1. 精确的数值方法

和大多数 CFD 软件不同的是,ANSYS – CFX 采用了基于有限元的有限体积法,在保证了有限体积法的守恒特性的基础上,吸收了有限元法的数值精确性。

➢ 基于有限元的有限体积法,对六面体网格单元采用 24 点积分,而单纯的有限体积法仅采用 6 点积分。

➢ 基于有限元的有限体积法,对四面体网格单元采用 60 点积分,而单纯的有限体积法仅采用 4 点积分。

ANSYS – CFX 在湍流模型的应用上，也一直是业界领先的。ANSYS – CFX 的湍流模型开发者 Florian Menter 等人提出的 SST 湍流模型的优异性目前已被业界广泛认同。此外，ANSYS – CFX 最先开发了从层流到湍流的转捩模型（Transition Model）。

2. 快速稳健的求解技术

ANSYS – CFX 是全球第一个发展和使用全隐式多网格耦合求解技术的商业化软件，这种革命性的求解技术克服了传统算法需要"假设压力项—求解—修正压力项"的反复迭代过程，而同时求解动量方程和连续性方程。再加上其采用的自适应多网格技术，ANSYS – CFX 的计算速度和稳定性较传统方法提高了 1 个 ~ 2 个数量级。更重要的是，ANSYS – CFX 的求解器获得了对并行计算最有利的几乎线性的"计算时间—网格数量"求解性能，这使工程技术人员第一次敢于计算大型工程的真实流动问题。ANSYS – CFX 突出的并行功能还表现在它可以在混合网络上的 Unix、Linux、Windows 平台之间随意并行，而且其收敛曲线在单个 CPU 及多 CPU 计算时几乎完全一致。

3. 丰富的物理模型

ANSYS – CFX 的物理模型是建立在世界最大的科技工程企业 AEA Technology 50 余年科技工程实践经验基础之上，经过近 30 年的发展，ANSYS – CFX 拥有包括流体流动、传热、辐射、多相流、化学反应、燃烧等问题的丰富的通用物理模型；还拥有诸如气蚀、凝固、沸腾、多孔介质、相间传质、非牛顿流、喷雾干燥、动静干涉、真实气体等大量复杂现象的实用模型。

多相流：ANSYS – CFX 超过 20 年的多相流领域的经验，可以模拟多组分流动、气泡流、粒子流和自由表面流。粒子输运模型可以模拟连续相内的一个或多种粒子流。瞬态粒子追踪模拟能力，可以模拟火焰扑灭过程、粒子沉降和喷雾。粒子破碎模型可以模拟液体颗粒雾化，捕捉粒子在外力下的破碎过程，并考虑相间的作用力，壁面薄膜（Wall film）模型可以考虑颗粒在高温/低温壁面的反弹、滑移、破碎等现象。欧拉多相流模型可以很好地模拟相间动量、能量和质量传输，而且 ANSYS – CFX 中包含丰富的曳力及非曳力模型，全隐式耦合算法对于求解相变导致的气蚀、蒸发、凝固、沸腾等问题具有很好的健壮性。MUSIG 多尺度颗粒模型可以模拟颗粒在多分散相多相流动中的破碎和合并行为。利用粒子动力学理论和考虑固体相之间的作用，可以模拟流化床内的流动。在旋转机械领域 ANSYS – CFX 一直拥有最丰富的模型材料库，平衡湿蒸汽和非平衡湿蒸汽模型可以准确预测汽轮机流动现象，丰富的真实气体模型可以准确预测各种非理想假设下的流动。

辐射：广泛的辐射模型，从透明介质到参与辐射的非灰体介质。可用于多个领域，包括燃烧，加热，通风和固体之间的辐射。

燃烧：不论在燃气轮机燃烧设计、汽车发动机燃烧模拟、膛炉内煤粉燃烧还是火灾模拟，ANSYS – CFX 都提供了非常丰富的物理模型来模拟流动中的燃烧和化学反应问题。ANSYS – CFX 涵盖从层流到湍流，从快速化学反应到刚性化学反应，从预混燃烧到非预混燃烧的问题。所有的组分作为一个耦合的系统求解。对于复杂的反应系统能够加速收敛。模型包括单步/多步涡破碎模型、有限速率化学反应、层流火焰燃烧模型、湍流火焰模型、部分预混 BVM 模型、修正的部分预混 ECM 模型，同时 NOx 模型、Soot 模型、Zimont 模型、废气再循环 EGR 模型、自动点火模型、壁面火焰作用（Quenching）模型、火花塞点火模型也包括在内。

湍流:大多数的工业流动都是湍流。ANSYS - CFX 确立了湍流模拟的典范。一系列 SST 模型,加上自动壁面函数方程使得随着网格的细化模拟更加精确。ANSYS - CFX 引入了第一个商业化运用的转捩模型(Transition Model)。SAS(Scale Adaptive Simulation)模型用于非稳态模拟,可以捕捉稳态无法捕捉的自然现象。

传热:固体和流体之间的传热在许多领域十分重要,ANSYS - CFX 使用最新的技术求解三维空间的包括固体区域传热的流动。隐式 GGI 界面算法(通用交界面方式)可以在分界面网格不匹配的情况下精确模拟流体、固体之间的耦合换热、辐射传热等复杂共轭传热问题。

多孔介质:真实多孔模型能够捕捉速度和压力在交界面上的不连续性,使用动量损失模型能够更精确的模拟。

动网格:如果流体模型包括几何运动,如转子压缩机、齿轮泵、血液泵和内燃机,就要求网格的运动。运动网格的策略涵盖了每个可以想得到的运动。特别是在流固耦合计算中涉及固体在流体中的大变形和大位移运动,ANSYS - CFX 结合 ICEMCFD 实现外部网格重构功能,用来模拟特别复杂构型的动网格问题并不会产生坏的网格单元,这种运动可以是指定规律的运动,比如汽缸的活门运动事件,也可以是通过求解刚体六自由度运动的结果,配合 ANSYS - CFX 的多构型(Multi-Configuration)模拟,可以方便处理活塞封闭和边界接触计算。而且对于螺杆泵、齿轮泵这种特殊的泵体运动,ANSYS - CFX 开发了独特的浸入固体方法(Immersed Solids)不需要任何网格变形或重构,采用施加动量源项的方法来模拟固体在流体中的任意运动。基于以上两种动网格策略,用户可以方便地解决任意复杂的动网格问题。

此外,ANSYS - CFX 为用户提供了从方便易用的表达式语言(CEL)到功能强大的用户子程序的一系列不同层次的用户接口程序,允许用户非常方便地加入特殊物理模型。

4. 领先的流固耦合技术

借助于 ANSYS 在多物理场方面深厚的技术基础,以及 ANSYS - CFX 在流体力学分析方面的领先优势,ANSYS + CFX 强强联合推出了目前世界上最优秀的流固耦合(FSI)技术。最新的双向 FSI 技术完整地考虑了结构和流场之间的相互影响。由于 ANSYS - CFX 采用基于有限元的有限体积法,使得流固耦合技术的开发和应用比其他 CFD 软件有着得天独厚的优势,ANSYS 公司近两年来大力开发的这一技术目前处于同类技术中的领先地位,流固耦合技术的应用范围非常广泛,比如生物医学(动脉血管)、航天航空(机翼颤振)、土木工程(结构风荷载)等。流固耦合技术在行业设计和生产中的重要性日益提高,使得设计师设计出来的产品材质更轻、使用更灵活、制造更容易,同时保证并提高了产品质量及可靠性。

流固耦合分析大体上分为单向耦合和双向耦合两种。ANSYS - CFX 流固单向耦合可以通过如图 1.1 所示的 T 形连接器的例子说明,流体流动使连接器内部产生温度梯度,从而引起明显的热应力。然而,由于结构变形很小,对流体的影响不大。因此,这就使得 CFD 求解和 FEA 求解独立进行,荷载数据由流体单向传递给结构。

在某些实际工况中,结构变形对流体产生的影响不可忽略,这就需要采用双向流固耦合技术。双向流固耦合的行业应用例子非常多,例如航空航天中的机翼颤振、汽车发动机罩的振动问题、建筑桥梁中的风荷载、生物医学中的血管血液流动等。诸如此类问题,

3

CFD 网络　　　　CFD 分析连接器热传递　　　ANSYS 变形结果

图 1.1　ANSYS – CFX 流固单向耦合

ANSYS 和 CFX 必须同步计算并且在两个求解器之间互相传递荷载数据。ANSYS 与 CFX
这种耦合方式的独特之处在于耦合过程中的数据交换是内部自动建立的,无需第三方的
耦合软件。ANSYS 多物理场求解器提供了真正的双向流固耦合技术,针对运动/变形几
何体进行稳态和瞬态分析。图 1.2 采用双向流固耦合技术模拟动脉血管中血液流动的脉
冲问题。生物医学通过这种无侵害研究方法能够更好地分析高血压产生机理,同时发觉
一些潜在规律。

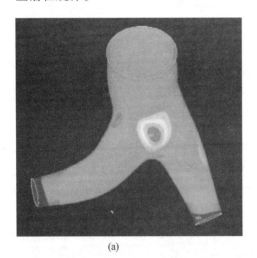 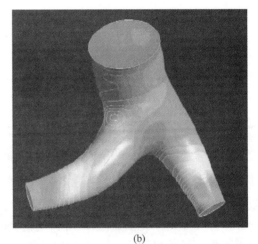

(a)　　　　　　　　　　　　　　　　　(b)

图 1.2　ANSYS – CFX 双向流固耦合
（a）CFD 计算肺动脉的压力分布；（b）肺动脉的变形。

　　除了流固耦合外,ANSYS – CFX 还能和电场、磁场、声场等模块耦合计算,成为 AN-
SYS 多物理场中的主要模块之一。如图 1.3 所示为 ANSYS – CFX 和 SYSNIOSE 耦合计算
风扇噪声问题。

　　5. 集成环境与优化技术

　　ANSYS Workbench 环境提供了从分析开始到结束的统一环境,使用者的工作效率得
以提高。在 ANSYS Workbench 环境下,所有的设置都是统一的,并且可以和 CAD 数据相
关联,包括分析后对几何的修改,求解器参数,后处理的设置和用户自定义的表达式等。
这样的技术可以对产品不同运行状态和不同设计的比较进行研究。参数化的几何与物理
描述集成了自动化的性能计算方法,使得产品或过程的模拟快速建立。几何、网格、物理

4

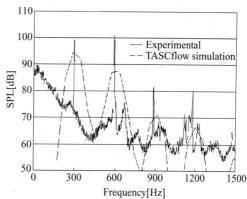

图1.3 ANSYS – CFX 耦合计算噪声问题

的定义、求解和报告的产生都是基于用户的设置自动产生。设计和分析工程师可以用最短的时间建立物理原型,从而设计出更快更好的产品。现在,试验设计优化方法和稳健优化设计方法通过 ANSYS Design Xplorer 技术可以用于 CFD。

1.3 主要求解功能

- 求解四面体、六面体、棱柱体以及混合型的网格类型
- 不可压/可压流动——亚声速、跨声速、超声速流动
- 定常/非定常流动
- 层流/湍流
- 二维或三维流动
- 旋转坐标系
- 多重参考坐标系
  —Frozen Rotor
  —Stage
  —Transient Rotor/Stator
- 湍流模型
  —零方程模型、一方程模型
  —k – ε 模型,RNG k – ε 模型
  —SST 模型
  —SAS 模型
  —k – ω 模型
  —雷诺应力模型
  —DES
  —LES
  —转捩模型(Transition Model)
- 浮力驱动流
- 非牛顿流
- 化学反应动力学
- 多组分流体
- 多相流分析
- 燃烧分析
- 数值方法
  —基于有限元的有限体积方法
  —全隐式的耦合多重网格算法
- 传热
  —黏性加热
  —对流
  —传导
  —辐射传热
    ➢ Monte Carlo 模型
    ➢ Discrete Transfer 模型
    ➢ P1 模型
    ➢ Rosseland 模型
  —共轭传热
- 自由表面

5

- 通用网格界面 GGI
- 真实气体模型
- 相间传质模型
- 多孔介质

- 网格自适应
- 移动网格技术
- 流固耦合技术
- 并行计算

1.4 独具特色的前处理

ANSYS – CFX 的前处理模块 ICEM CFD 是一个高度智能化的、为专业 CFD 分析软件提供高质量网格的软件。它的两大特色为:先进的网格剖分技术和一劳永逸的 CAD 模型处理工具。

1. 先进的网格剖分技术

在 CFD 计算中,网格技术是影响求解精度和速度的重要因素之一。ANSYS – CFX 的前处理模块 ICEM CFD 向用户提供业界领先的高质量网格技术,其强大的网格划分功能可满足 CFD 对网格划分的严格要求:边界层网格自动加密;流场变化剧烈区域网格局部加密;网格自适应用于激波捕捉;分离流模拟;高质量的全六面体网格提高计算速度和精度;非常复杂空间的四面体、六面体混合网格等。

➢ 采用独特的映射技术的六面体网格划分功能——通过雕塑方法在拓扑空间进行网格划分,自动映射到物理空间,可在任意形状的模型中划分出六面体网格。

➢ 映射技术自动修补几何表面的裂缝或小洞,从而生成光滑的贴体网格。

➢ 采用独特的 O 形(内、外 O 形)网格生成技术来生成六面体的边界层单元。

➢ 网格质量检查功能可以检查、标识质量差的单元。优异的网格"光滑"功能,可用来对已有的网格进行均匀化处理,从而大大提高了网格质量。

➢ 划分得到的网格是可编辑的,如转换单元类型:棱柱→四面体、所有网格→四面体、二次单元→线性单元等。

➢ ICEM CFD 的操作过程可以形成"命令流",当几何模型尺寸改变时,只需运行 Replay 就可以很容易地重新划分网格。

➢ ANSYS – CFX 的通用网格界面(GGI)功能,允许用户将不同类型的网格块连接,大大降低了复杂模型的网格划分难度,并为具有多重参考坐标系的问题提供了最有效的解决方案。

➢ ICEM CFD 提供的网格生成工具

—ICEM Hexa   六面体

—ICEM Tetra   四面体

—ICEM Prism   棱柱体(边界层网格)

—ICEM Hybrid   四面体、六面体混合

—ICEM BF – Cart   笛卡儿边界自适应网格

—ICEM Global   自动笛卡儿网格生成器

—ICEM Quad   表面网格

2. 一劳永逸的 CAD 模型处理工具

ICEM CFD 除了提供自己的几何建模工具之外,它的网格生成工具也可集成在 CAD

环境中。用户可在自己的 CAD 系统中进行 ICEM CFD 的网格划分设置,如在 CAD 中选择面、线并分配网格大小属性等,这些数据可存储在 CAD 的原始数据库中,用户在对几何模型进行修改时也不会丢失相关的 ICEM CFD 设定信息。另外,CAD 软件中的参数化几何造型工具可与 ICEM CFD 中的网格生成及网格优化等模块通过直接接口连接,大大缩短了几何模型变化之后网格的再生成时间。ICEM CFD 的理念是:"一劳永逸。"该直接接口适用于多数主流 CAD 系统,包括 Unigraphics、CATIA、Pro/E、Ideas、SolidWorks 及 SolidEdge 等。

3. 其他特点

ICEM CFD 的几何模型工具的另一特色是其方便的模型清理功能。CAD 软件生成的模型通常包括所有细节,甚至还有粗糙的建模过程形成的不完整曲面(俗称"烂模型")等。这些特征对网格剖分过程形成巨大挑战,甚至导致分网失败。ICEM CFD 提供的清理工具可以轻松处理这些问题。

由于对流传热的物理现象(除湍流外)比较简单,只涉及到单质流动、传热,所以本书的内容主要集中在单质流动、传热、四面体网格、棱柱形边界层网格、六面体网格功能。

第 2 章　CFX 软件结构

CFX 不是单一软件,而是由多个相互配合的软件模块构成的软件包。目前 CFD 软件一般都包括 4 个功能模块:网格生成器、前处理器、求解器、后处理器。CFX 软件包也是这样的结构。CFX 包括 4 个功能程序模块,即 ICEM、CFX – Pre、CFX – Solver、CFX – Post 以及一个快捷启动模块 CFX – Launcher。

ICEM 是网格生成器。这是 ANSYS 收购的一个专业网格生成工具,可以给很多求解器生成网格。

前处理器 CFX – Pre,用于定义求解的问题,如流体介质属性,是空气还是水,哪里是入口边界,哪里是出口边界,以及求解参数,如迭代的步数、目标残差。

求解器 CFX – Solver 在后台执行。为了使用户能够监视求解进程,CFX 软件提供了一个求解管理器 CFX – Solver Manager,用于显示 CFX 求解器输出的求解过程信息,如当前迭代步、残差。

求解器获得的是每个网格上的速度、压力、温度值。要人们所理解这种海量信息,首先是处理成统计量,其次是进行图形化处理。CFX 软件提供了一个后处理器 CFX – Post,用于完成计算结果的统计和图形化。

Launcher 是一个启动 CFX – Pre、CFX – Solver Manager 和 CFX – Post 的快捷方式,它内置了 CFX – Pre、CFX – Solver Manager 和 CFX – Post 运行需要预先设置的环境变量。

2.1　网格生成器

ICEM 是 ANSYS 收购的一款专业网格生成工具,是业内评价最高的网格工具之一。

ICEM 有如下主要功能:

(1) 导入各种主流 CAD 软件的文件和通用 CAD 格式的文件。

(2) 简单的 CAD 功能,但这些 CAD 功能主要用于修复导入过程引起的丢面等几何特征缺失或表达错误这类问题,不适于直接建立复杂的几何模型。

(3) 生成四面体、六面体、三棱柱、金字塔 4 种类型的网格。这 4 类网格可以满足绝大多数对流传热问题。

(4) 提供了多种网格质量指标,通过查看网格质量分布,可以帮助使用者发现质量差的网格,并采取措施修正。

(5) 自动网格光顺的功能,自动改善网格质量。

(6) 根据自己的意愿通过手工的方式直接修改网格。这种手工操作网格,尤其是操作非结构化网格的能力,是一般的网格生成器不具备的。

(7) ICEM 可以将生成的网格导出成一百多种专用和通用格式。

图 2.1 所示为 ICEM 软件的界面。

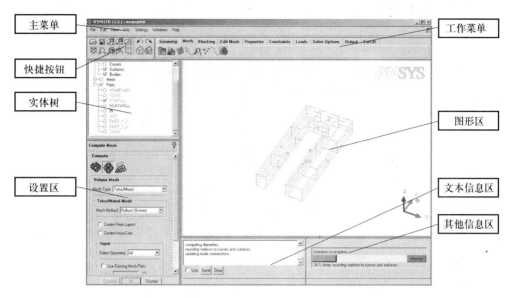

图 2.1　ICEM 软件界面

ICEM 的界面分为 8 个区域。

（1）主菜单。ICEM 的菜单设置比较奇特,它最主要的功能并不在主菜单中,而是在下面要介绍的 tab 页面工作菜单中。主菜单只包含了一般软件的通用功能,如打开文件、保存文件、设置显示字体、帮助等。

（2）快捷按钮。这是主菜单选项的子集,显示一些常用的主菜单选项。

（3）工作菜单。ICEM 最主要的功能,如修复几何、划分网格、输出网格等,都在这些 tab 页面里。

（4）实体树区。ICEM 将几何特征(点、线、面、体)和网格特征(节点、网格线、面网格、体网格)分类显示在这里,方便查看和选择。ICEM 还设立了一个分组功能,允许用户将不同的几何特征和网格特征设置到一个组里,使查看和选择更方便。这个分组信息也显示在实体树区。

（5）设置区。工作菜单上各种命令的具体内容都需要在这个区域里显示并设置。

（6）图形区。在图形区里,使用者可以操作图形的平移、旋转、缩放,也可以在图形区中选择各种实体特征,进行设置。

（7）文本信息区。用于反馈 ICEM 的命令执行情况。例如执行划分网格命令时,这个区域就会显示当前网格划分了多少,执行到哪一步。

（8）其他信息区。主要用于显示网格质量、网格生成过程等其他信息。

2.2　CFX 启动平台

CFX 提供了一个启动平台,将前处理器、求解管理器和后处理器三个软件模块的快捷方式都放置于启动平台上。通过启动平台启动这三个软件模块时,启动平台会将一些运行环境信息提供给相应的软件模块。

图 2.2 所示为 CFX – Launcher 的界面。

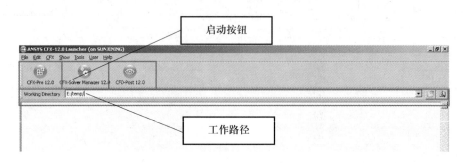

图 2.2　CFX – Launcher 界面

界面很简单,有 3 个按钮,分别可以启动 CFX – Pre、CFX – Solver Manager 和 CFX – Post。

还有一个工作路径输入框,输入工作路径后,启动 3 个软件模块,这 3 个软件模块就会在这个工作路径下启动,相应地,产生的各种文件也都会写到这个路径下。

2.3　前处理器

前处理器,顾名思义,就是用于求解前的各种数据处理工作。CFX – Pre 的主要功能包括导入网格,设置求解条件,生成求解文件。

CFX – Pre 可以导入的网格以 ANSYS 公司软件的格式为主,还包含少数几个常用的网格格式,如 Nastran。

CFX 内置了大量的材料数据库,包括各种常用流体、固体材料,如水、空气、铁、铝等。用户可以直接使用这些材料定义求解问题,也可以在这些材料基础上修改或者新建一种材料。

在 CFX – Pre 中可以设置的求解条件很多,对于通常的对流传热问题,需要设置的内容包括时间属性(是否定常问题)、求解域(哪部分是流体,什么流体,哪部分是固体,什么固体)、边界条件(如入口、出口、壁面)和求解参数(如迭代多少步、收敛残差)。

CFX – Pre 会将使用者导入的网格和定义的求解条件统一输出到一个 . def 文件中,供求解器求解。. def 是 definition 的缩写。

图 2.3 所示为 CFX – Pre 的操作界面。

界面大致分为 5 个区域。

(1)主菜单。和 ICEM 的非常规主菜单不同,CFX – Pre 遵循了常规软件的方式,主菜单里包含了软件的全部功能。

(2)快捷按钮。一般情况下,使用这些快捷按钮就足够用了。

(3)模型设置区。通过 tab 页面管理全部模型内容,包括网格、求解域、边界条件、材料数据库、化学反应库等。

10

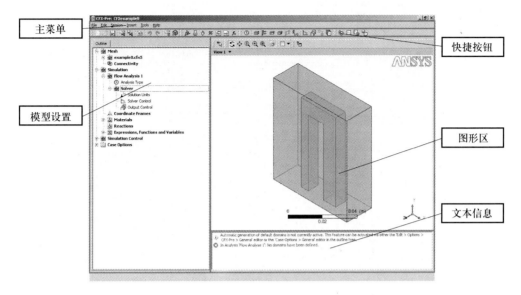

图 2.3　CFX－Pre 界面

（4）右半部分分为上下两个区域，上面是图形区，以图形方式直观的显示模型；下面是文本信息区。

2.4　求解管理器

CFX 的求解过程实际上就是一个代数方程组的迭代过程，没有什么可以干预的，只要等待结果就行了。但一般求解器都会反馈一些信息，供使用者判断程序的运行过程是否正常。CFX 的求解管理器就是这样一个反馈程序。

CFX 的 Solver Manager 有下列主要功能：

（1）启动一个新的求解过程，启动前可以定义是否使用外部初场文件，是否使用并行。

（2）监视正在进行的求解过程，包括随迭代步变化的残差、监视点的状态参数和三个守恒方程的总体守恒满足程度等。使用者可以通过这些信息，判断求解过程是否正常。如果发现不正常求解，使用者可以通过求解管理器中止求解过程，或者动态修改求解参数或边界条件。

（3）对于已经求解完成的问题，CFX－Solver Manager 还可以回放求解过程，辅助使用者发现求解过程中的问题。

图 2.4 所示为 CFX－Solver Manager 的软件界面。

CFX－Solver Manager 界面有 2 个主要的区域。

左侧是收敛曲线，以图形方式显示随迭代步变化的各种收敛判断参数，包括残差、总体守恒度、用户自定义的监视点参数等。右侧是相应的文本信息。

在求解出错时，收敛曲线往往只能看到一个不收敛的结果，而文本信息会给使用者提供尽可能多的错误信息，并对如何修改模型提出建议。

11

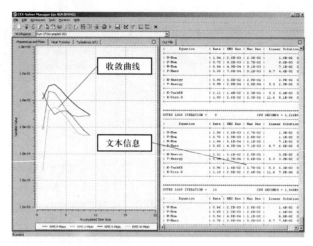

图 2.4　CFX - Solver Manager 界面

2.5　后处理器

求解完成后,使用者就需要使用 CFX - Post 对求解后的数据进行图形化显示和统计处理。

CFX - Post 具有一般后处理器的全部特征,包括打开结果文件,建立几何特征,生成矢量图、云图,计算统计量,生成动画,导出文本数据。

CFX - Post 还可以建立自己的宏命令,从而构建一套针对特定问题的后处理。CFX 有一套专门的针对旋转机械的后处理功能,就是使用宏命令编写的。

图 2.5 所示为 CFX - Post 的软件界面。CFX - Post 和 CFX - Pre 是在同一个图形显示平台上开发出来的,所以具有很相似的页面布局。

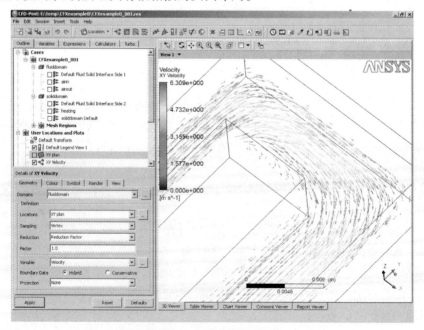

图 2.5　CFX - Post 界面

最后,来整理一下 CFX 软件的思路(图2.6)。

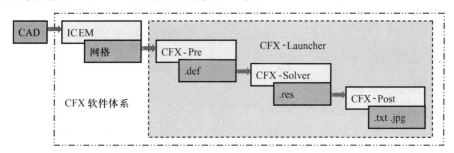

图 2.6　CFX 软件的思路

从 CAD 文件开始,ICEM 导入 CAD 文件,并生成网格。CFX – Pre 导入网格文件,加入求解定义条件后,生成 . def 文件。求解器根据 . def 文件的网格和设置,迭代求解,最后生成 . res 文件(res 是 result 的首字母)。CFX – Post 读入 . res 文件,作出各种图形或统计数据。这就是 CFX 软件包的模块结构,也是 CFX 软件的求解流程。

13

第3章　对流传热基本求解过程

下面开始正式进入数值计算过程,看看 CFX 到底是如何将一个 CAD 模型变成漂亮的流场、温度场图片和统计数据的。这次课程的模拟对象是一个简化的涡轮叶片内冷通道。

3.1　物理问题

图 3.1 是叶片冷却回转通道简化模型。

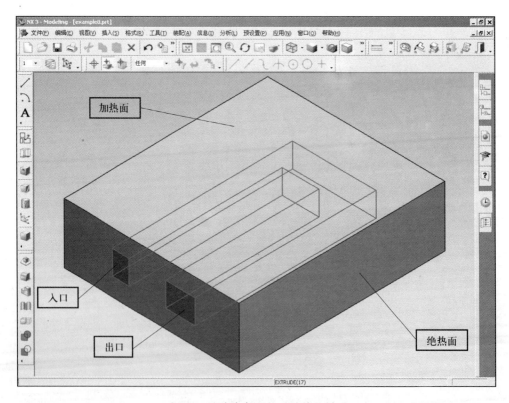

图 3.1　叶片冷却回转通道简化模型

外部是叶片本体,内部有一个中空的回转通道。通道内有冷气流过,叶片本体有来自主流燃气的加热热流。内冷通道有一个入口,一个出口。入口冷气速度 1m/s,温度 20℃冷气出口排向大气。

上下两个面是用来加热的面,用电加热膜加热。加热的功率为 5000W/m²。

3个侧面做理想状态的绝热处理。一般来说,开口这个面不容易做好绝热处理。但为了简化,假设这个面的绝热处理也做得足够好,即表面热流为0。整个实验件用铝材加工。先学习最基本的功能,包括:四面体网格生成;设置流体和固体求解域;设置入口、出口、壁面边界条件;求解;显示速度矢量图和温度云图。

3.2　导出几何文件

如第2章的CFX软件计算流程一样,要从一个已有的CAD模型开始,一步一步地完成计算工作。本书选用的CAD是比较常见的三维CAD软件UG。

ICEM可以接受多种CAD专用格式的文件,也可以接受多种通用格式文件。为体现通用性,在UG中将几何模型导出成一个通用格式文件,即Parasolid格式,其后缀一般是.x_t。在UG中,单击文件→导出→Parasolid,如图3.2所示。

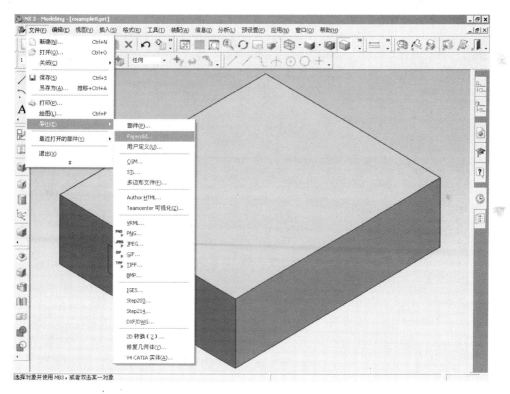

图 3.2　在 UG 中选择导出 Parasolid 格式几何模型的菜单

在几何模型里,有一个固体实体和一个流体实体。在UG中框选全部实体,如图3.3所示。流体计算需要的CAD模型不仅要建立固体实体,还要建立流体实体。否则导入ICEM后,流体部分是开口的,划分网格时,这部分是划不出网格的。

将文件存储到文件夹"E:\temp\CFXexample0"中,导出的文件名为example0.x_t,如图3.4所示。

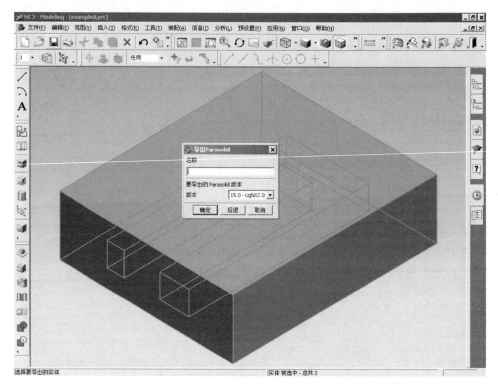

图 3.3   在 UG 中选择要导出 Parasolid 格式几何模型实体

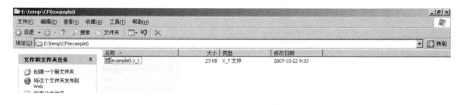

图 3.4   工作目录中出现 Parasolid 格式的几何模型文件

3.3   生成网格

下面介绍在 ICEM 中划分四面体网格。在 ICEM 中生成网格大致经历如下几个步骤：

(1) 导入几何。

(2) 修复几何。

(3) 面分组。

(4) 创建 body。

(5) 设置全局网格。

(6) 设置面加密网格。

(7) 输出网格文件。

3.3.1 导入几何文件

ICEM 软件是通过快捷方式启动的,在快捷方式的属性里有一个"起始位置",这是 ICEM 软件启动后默认的工作路径(文件夹),如图 3.5 所示。

图 3.5 修改 ICEM 默认工作路径

如果工作路径不是期望的路径,就需要在 ICEM 中更改工作路径,将工作路径更改为 "E:\temp\CFXexample0",单击 File→Change Working Dir…,如图 3.6 所示。

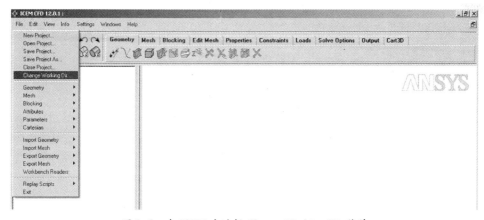

图 3.6 在 ICEM 中选择 Change Working Dir 菜单

在弹出的对话框里选择"E:\temp\CFXexample0",或直接输入"E:\temp\CFXexample0",单击 OK,如图 3.7 所示。

此时的工作路径已经更改为"E:\temp\CFXexample0"。

ICEM 将划分网格的工作称为 Project。所以需要新建一个"Project",为工作命名,以便日后区分不同的 Project。单击 File→New Project,如图 3.8 所示。

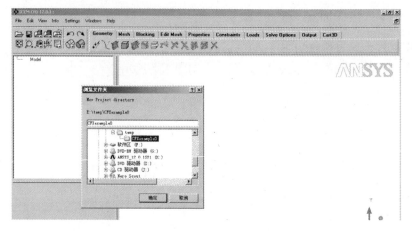

图 3.7 选择新的工作路径

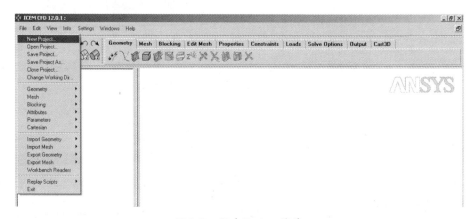

图 3.8 新建 Project 菜单

在弹出的对话框里填写新 Project 的文件名 example0. prj,单击保存,如图 3.9 所示。

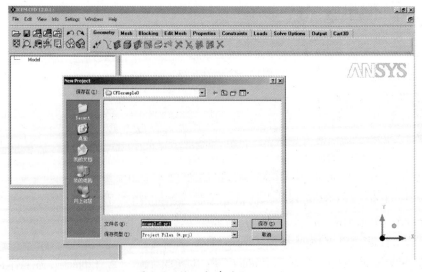

图 3.9 输入新建的 Project 名

此时在 ICEM 窗口的标题栏上,出现了当前 Project 的名字——example0,如图 3.10 所示。

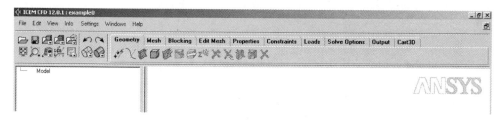

图 3.10　标题栏显示当前 Project 名

下面要开始导入 CAD 模型 example0. x_t。单击 File→Import Geometry→ParaSolid,如图 3.11 所示。

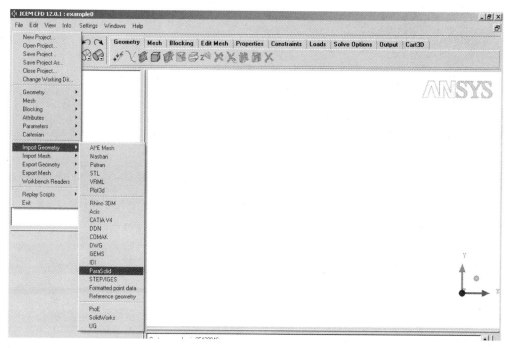

图 3.11　导入 Parasolid 几何模型的菜单

由于在 UG 中将 ParaSolid 文件 example0. x_t 保存到了 ICEM 的工作路径中,所以在弹出的对话框中可以直接看到这个文件。选择 example0. x_t,单击"打开",如图 3.12 所示。

此时 ICEM 的设置区出现了导入 Parasolid 文件的内容,如图 3.13 所示。

第一行是选择的 Parasolid 文件,这里可以修改。第二行是 . tin 文件。这是什么意思呢?我们知道,在表达曲面时,每种软件都会用各自的格式。有些是通用的,如 IGES,Parasolid,这些格式对所有人都是开放的,用于不同软件间交换数据。更多的是专用的,如 UG 的 prt 文件。. tin 文件是 ICEM 的专用几何模型格式。ICEM 要将 Parasolid 格式表达的各种曲面、曲线,转化成 . tin 的等价格式,从而完成数据导入工作。这也是导入(import)和打开(open)的本质区别。

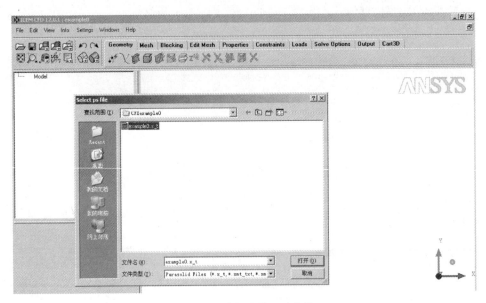

图 3.12　选择要导入的文件

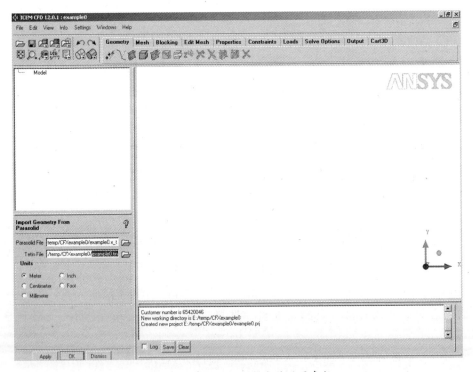

图 3.13　导入 Parasolid 文件设置参数

接着要选择导入使用的长度单位。在建模时,会定义某直线长度是 5mm,但往往在数据记录时,会只记录该直线长为 5,而不记录长度单位。长度单位是整个文件统一记录的。有的中间格式不记录长度单位,只记录长度数值。在这种情况下,不同软件之间导入导出几何模型,就可能会出现长度单位不统一。所以在导入几何模型时,一般都会有长度单位的选项。但是,Parasolid 文件比较特殊,它记录了长度单位,所以在导入 ICEM 时,不怕选错长度单位。这里选择国际标准单位 meter（米）为长度单位。（注意：ICEM 的网格在后面要导入 CFX – Pre 时，还要有一次转换过程，将 ICEM 的网格格式转换为 CFX – Pre 的专用格式。只要小心处理，就完全可以消除转换过程出现的长度单位不一致问题，但毕竟一不小心，就可能出错。所以应该尽可能在转换中保持长度单位的一致。）在执行导入前，先看一下实体树。此时只有一个 Model 空节点，说明此时 Project 内没有任何几何或网格实体。单击 Apply 或 OK，执行导入命令。

导入命令执行后，可以看到在图形区出现了一个几何模型，如图 3.14 所示。

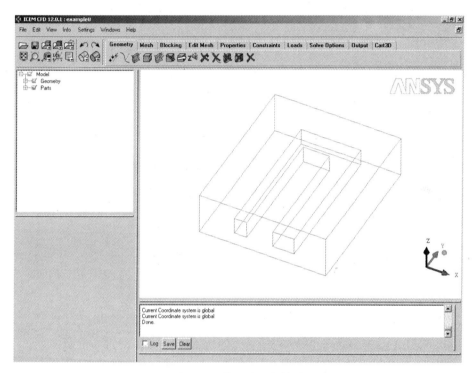

图 3.14　导入的几何模型

我们可以通过鼠标对这个模型进行平移、旋转和缩放操作。

ICEM 的鼠标基本操作是：中键平移，左键旋转，右键缩放。我们可以把它调整到一个可以看得比较清楚的位置。

在实体树下看到新出现了两个节点，一个是 Geometry，另一个是 Parts。Geometry 节点包含了全部的几何特征——点、线、面。在 ICEM 目前版本中没有类似 UG 等 CAD 软件的实体概念。它在转换外部几何文件时将保留原模型中的点、线、面特征。对于实体特征，ICEM 会将其中的点、线、面特征全部抽出，然后抛弃原有的实体。

现在我们看到的是线特征。点和面特征被默认隐藏。在实体树节点前都各有一个小勾，如果勾为灰色，表示该节点下的内容未全部显示，只有部分显示；如果勾为绿色，表示该节点下的内容全部显示。

Parts 节点包含的是全部几何特征和网格特征的分组情况。这个分组非常重要，CFX – Pre 只导入 ICEM 网格的 Part 名，其余的点、线、面名都抛掉，所以在 CFX – Pre 中，能看到的最小单位就是组。在 CFX – Pre 中定义计算域、设置边界条件时，只能以组为单位对网格进行操作、设置。如果分组错误,例如在 ICEM 中将相邻的绝热面和加热面划分到一个组里,在 CFX – Pre 中将无法区分这两个面。

在没有手工分组时,ICEM 会自动建立一个或多个组,将导入的几何特征或新生成的实体特征归属到这个或这些组内,等待手工分组。

下面先打开这两个节点,察看里面都是什么。

如图 3.15 所示,在 Geometry 里,有点、线、面,还有一个 Subsets,Subsets 复杂,初期用不上,这里就不讲了。

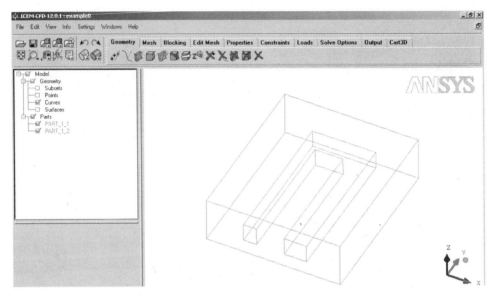

图 3.15　实体树节点

现在将 Surfaces 前的小勾勾上,全部的导入面就显示出来了,如图 3.16 所示。为提高显示速度,ICEM 默认用线框模式表示面。现在看到的就是线框模式。再看 Parts 节点,

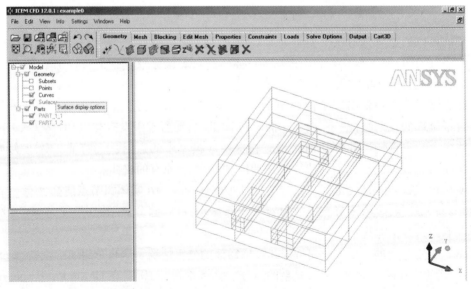

图 3.16　ICEM 几何面的线框模式

Parts 节点下面有两个子节点,这是在导入几何时系统自动建立的。

我们来看看这两个分组分别代表的意思。把 PART_1_1 分组(绿色)隐藏起来,来看看有什么变化。在图 3.17 中,我们看到,现在只剩下 PART_1_2 分组。很显然,PART_1_2 分组的几何特征全部来自于 CAD 模型里的流体部分。那么 PART_1_1 分组就是固体部分。

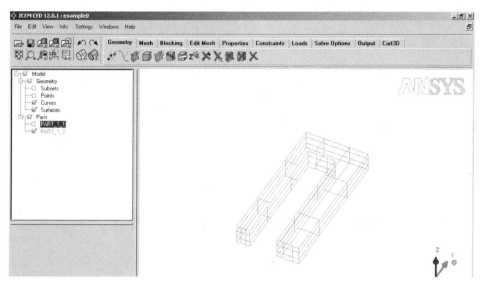

图 3.17　显示单一分组

下面看一下 ICEM 渲染模式下"面"的样子,如图 3.18 所示。

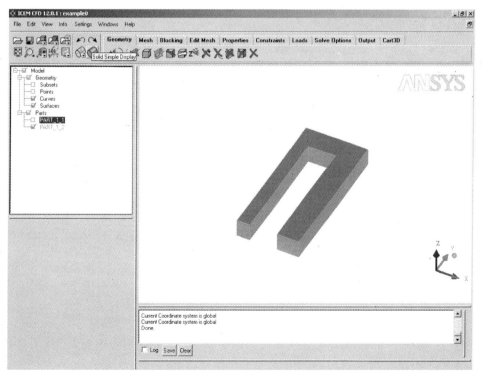

图 3.18　ICEM 渲染模式

3.3.2 修复几何

通过尝试将会发现,在流固交界面处,有两组几何上重合的面。一组来自流体模型,一组来自固体模型。在划分网格时,如果出现这种情况,网格生成器将在两个面上各自生成网格。这两个面上的网格一般是不重合的。到求解器里,这两个面将被作为边界条件,而不是内部节点来处理。为了解决这个问题,ICEM 为使用者提供了一个自动几何修复的功能(图3.19)。它可以将这些重合面、重合线、重合点合并。

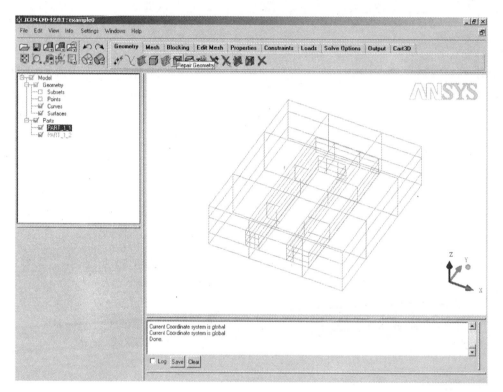

图 3.19   修复几何按钮

图 3.20 是修复几何功能的设置界面。ICEM 默认选择第一个选项。一般情况下用默认设置即可,直接单击 APPLY 或 OK。

图 3.21 是几何修复的情况。ICEM 将所有的线用不同颜色表示出来。红颜色(图中加粗的实线)表示有 2 个面共线,蓝颜色(图中实线)表示有 3 个面共线。

再一次将 PART_1_1 分组隐藏,看看会发生什么情况。如图 3.22 所示,PART_1_2 分组的面只剩下入口面和出口面,其余的面已经被融合掉了。

3.3.3   面分组

在 ICEM 中,划分网格前,需要将不同的边界面定义成不同的组,这样在导入到CFX – Pre 中后,才能在不同的边界面上定义不同的边界条件。在这个问题中,有 4 个边界条件,一个入口、一个出口、一个热流边界(2 个面)、一个绝热边界(4 个面)。剩余的面就是流固交界面。所以需要把所有的面分为 5 个组:入口、出口、加热面、绝热面、流固交界面。

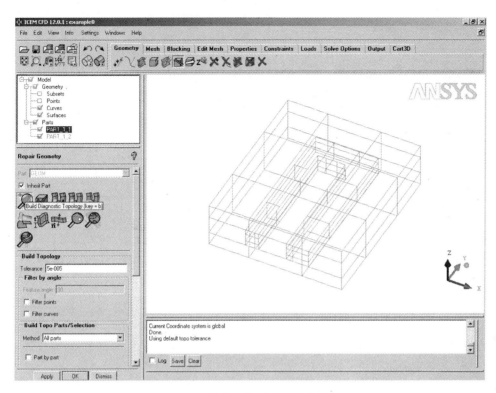

图 3.20　修复几何功能的设置界面

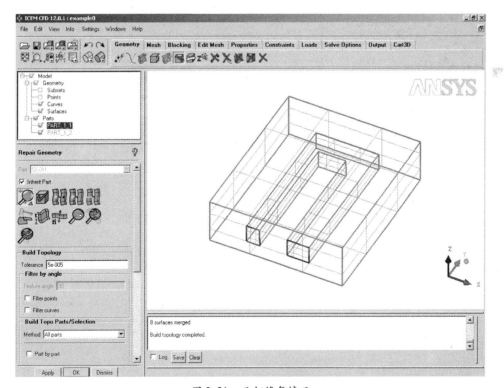

图 3.21　几何修复情况

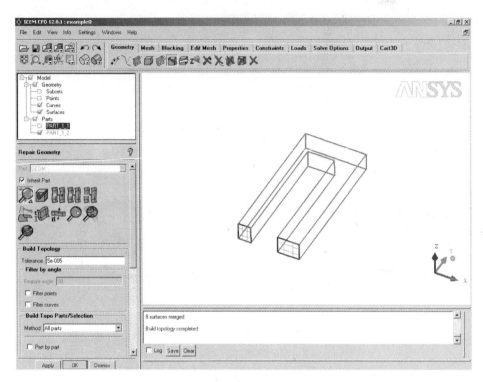

图 3.22 局部看几何修复情况

如图 3.23 所示，右键单击 Parts 节点，在弹出的对话框中选择 Create Part，创建新的组。

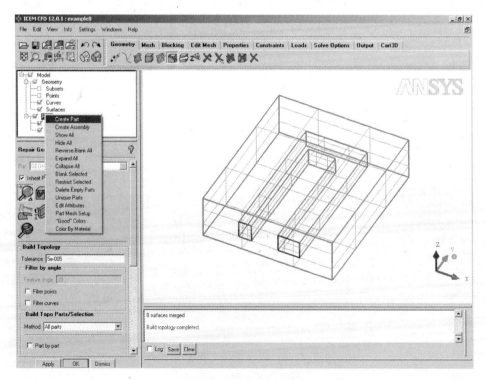

图 3.23 创建组操作界面

图 3.24 是创建新组的设置界面。第一行是分组的名字,输入 IN。ICEM 默认通过第一种方式,用鼠标选择划入该组的特征。

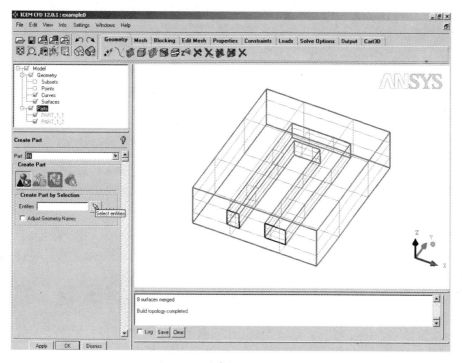

图 3.24　创建新组的设置界面

单击第三行右侧的鼠标箭头,进入选择状态(如图 3.25 所示)。

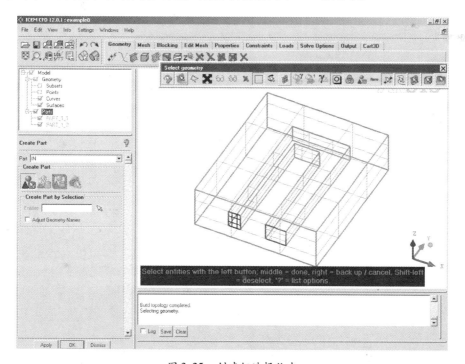

图 3.25　创建组选择状态

27

当鼠标移动到某个面上时,如果面可以被选中,将会改变颜色。在线框状态下,单击线框就可以选中面。如果当前视角不易于选中目标实体,可以按 F9 键,在自由操作状态和选取状态间进行切换。切换后,换一个角度,按 F9 键切换回来,再进行选择。选择结束后,单击中键,即可将该实体划入该组。如需要将其他实体加入该组,可以用左键继续选择。如果该分组已经结束,则单击右键,即可完成该分组的创建工作。

图 3.26 显示,在完成创建分组工作后,在实体树的 Parts 节点下,出现了一个新的组 IN。组 IN 的颜色和原组 PART_1_2 的颜色很接近,不易区分。可以改变这个组的颜色,便于区分。

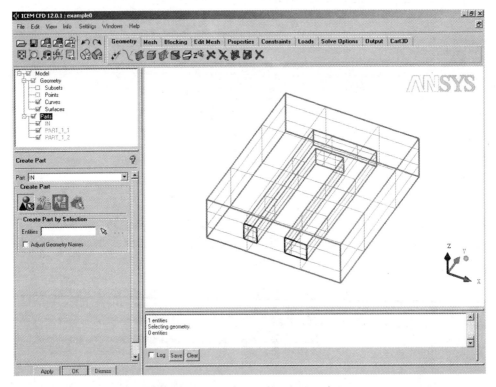

图 3.26 Parts 节点下出现新的子节点

如图 3.27 所示,在 IN 节点上单击右键,选择 Change Color。

在图 3.28 所示的弹出对话框里选择一个合适的颜色。这里选择的是深蓝色。单击 OK,就可以将组 IN 的实体用深蓝色表示。

用同样的操作,建立另外 4 个组:OUT,HEATWALL,ADAIBWALL,FSIWALL,图 3.29 显示的是全部分组情况。此时全部的面都已经被分配到这 5 个组中,原来的两个组内只有点和线的信息。点和线的信息对于设置边界条件不起作用,所以没有在分组中关注它们。

图 3.30 所示的是 IN 组和 OUT 组。

图 3.31 所示的是 HEATWALL 组。

图 3.32 所示的是 ADAIBWALL 组。

图 3.33 所示的是 FSIWALL 组。

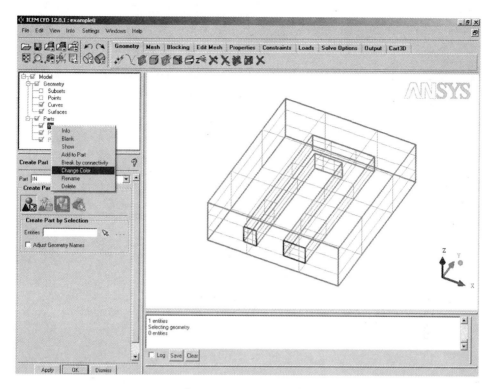

图 3.27 Change Color 选项

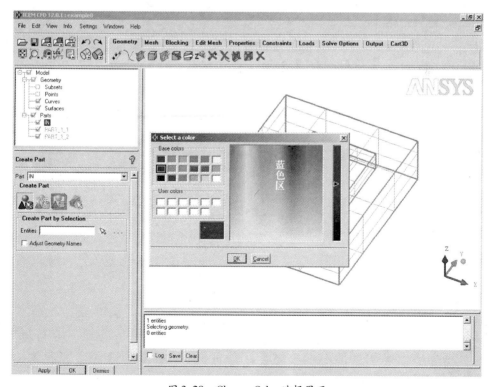

图 3.28 Change Color 选择界面

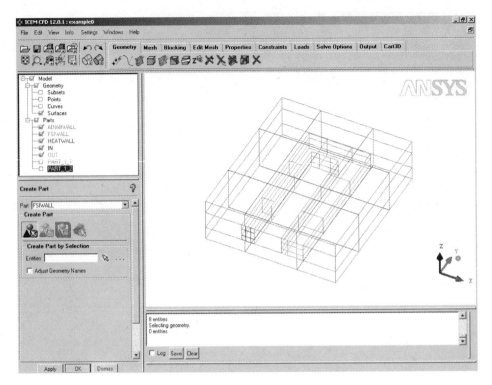

图 3.29 全部分组情况

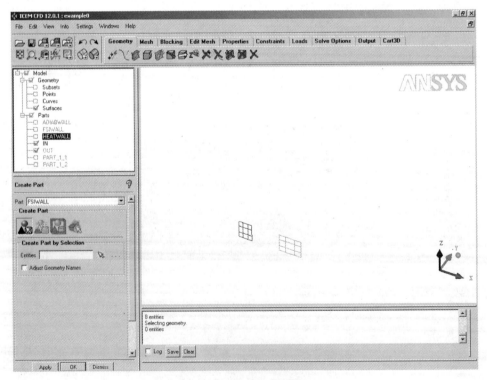

图 3.30 IN 组和 OUT 组

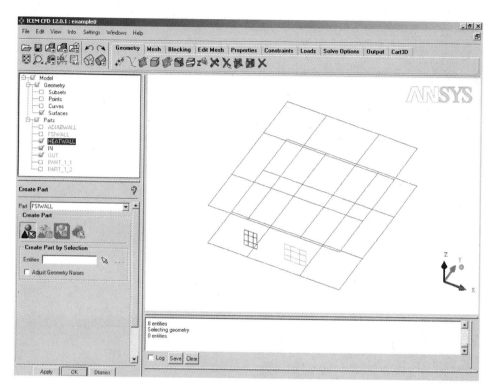

图 3.31　HEATWALL 组

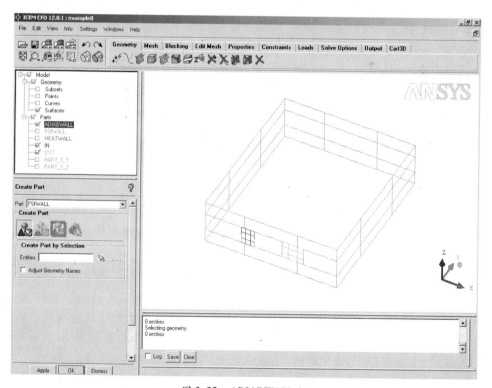

图 3.32　ADIABWALL 组

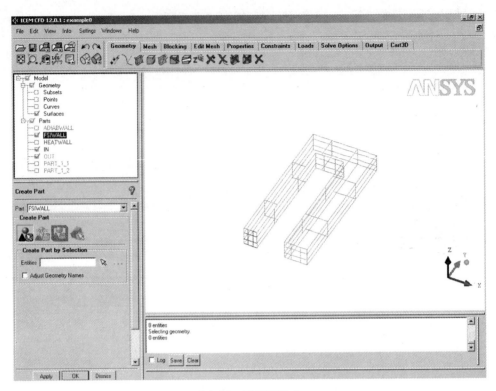

图 3.33　FSIWALL 组

3.3.4　创建 Body

ICEM 的网格特征分为节点、线网格、面网格和体网格。在 ICEM 划分网格时,会自动新建一个 Part,并将一个封闭空间内的体网格划分到这个 Part 里。这个 Part 将来导入到 CFX – Pre 中后,是建立求解域的基础。当封闭空间比较少时,ICEM 自动划分不会产生什么太大问题。但当封闭空间比较多时,就会给后面 CFX – Pre 中的设置造成不必要的麻烦。将一切都掌握在自己的手中,是减少出错几率,保证一次成功的不二法则。所以要为每个封闭空间起一个记得住的名字。显然,ICEM 里的封闭空间,和 UG 中的实体,几乎是一样的。ICEM 称为 Body。在 ICEM 中,Body 是单连通域,它的几何面不一定非要封闭。在 UG 中,Body 也是单连通域,但它的几何面一定是封闭的。所以 Body 和 UG 体,几乎是一样的,但还有些不同之处。现在来建立两个 Body,也就是给两个单连通域命名,如图 3.34 所示,单击 Create Body 按钮。

我们看到,设置区的第一行提示是 Part。由于在 CFX – Pre 中,通过 Part 名区分体网格,所以对不同计算域,应分入不同的组。给这组起个名字 Fluid。默认通过 Material Point 方式。这种方式是定义一个空间点,用该点代表它所在的单连通域。我们选择两点连线中点的方式定义这个空间点。单击最后一行的鼠标按钮。选择图 3.35 中所示的两个角点,即可定义两点连线处的一个中点,该点所处的单连通域被命名为 Fluid。

用同样的方式,可以将另一个单连通域命名为 Solid。在图 3.36 中,可以看到,在新建 Body 后,在 Parts 中已经出现了 2 个分组 Fluid 和 Solid。此时,全部的网格划分前的几

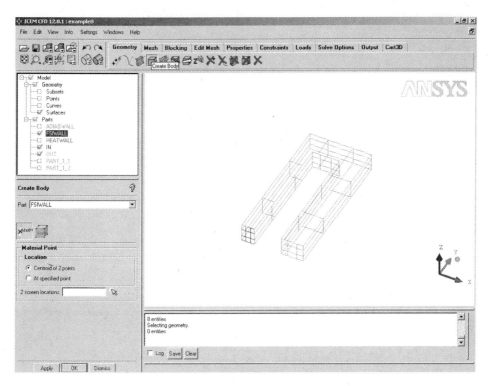

图 3.34 ICEM 中 Create Body 按钮

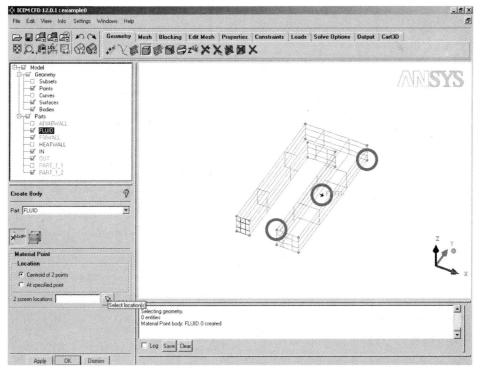

图 3.35 定义空间点时选择的两个角点

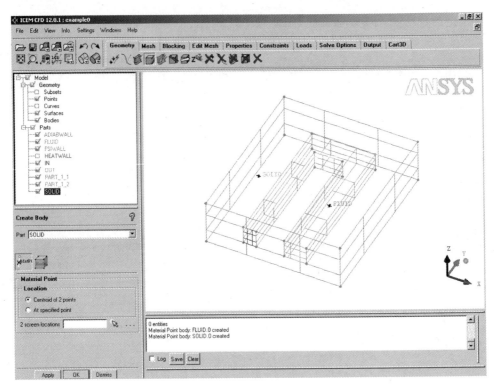

图 3.36　FLUID 和 SOLID 两个组定义完后的情况

何处理工作都完成了。

　　来简单回顾一下刚才所做的工作:首先,导入了几何模型;其次,对几何模型做了自动修复,将重合面消除;接着将这些面做了分组,以便在 CFX - Pre 中按不同的组分配不同的边界条件;最后,为两个单连通域分别命名,即创建 Body,并将两个 Body 分配到两个组Fluid 和 Solid 中。

　　下面正式开始划分网格。

3.3.5　设置全局网格

　　我们这次使用的是自动划分四面体网格。有了前面充分的准备工作,划分网格的工作已经变得非常简单了。如图 3.37 所示,在工作菜单中,选择第二个标签页 Mesh,选择第一个按钮,设置全局网格尺度。

　　图 3.38 显示的是全局网格的设置界面。在这里设置的是整个模型的网格尺度。如果没有局部加密设置,整个模型都将采用这个网格尺度进行网格划分。如果有网格加密,则在局部按照局部加密设置的尺度进行网格划分。第 1 个文本框 Scale factor 用于调整网格尺度的缩放比例,一般设为 1。在第 2 个文本框,最大单元尺度里,输入 0.003。读者们是否还记得,我们导入网格时,选择的长度单位是米。所以这里的 0.003 意味着 0.003m,即 3mm。计划将网格划分为 3mm 大小。勾选文本框下面的 Display,会看到在三维几何体中心出现了一个四面体单元。它可以让我们直观地看到 3mm 的单元相对于几何体有多大,单击 Apply。

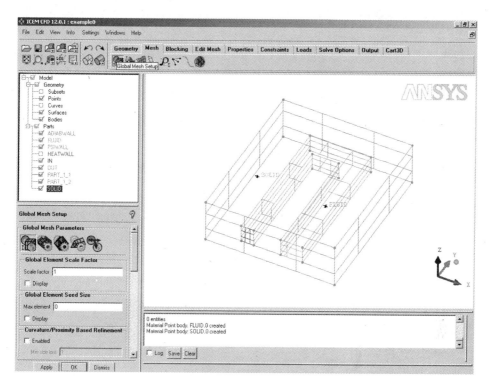

图 3.37　ICEM 中 Global Mesh Setup 按钮

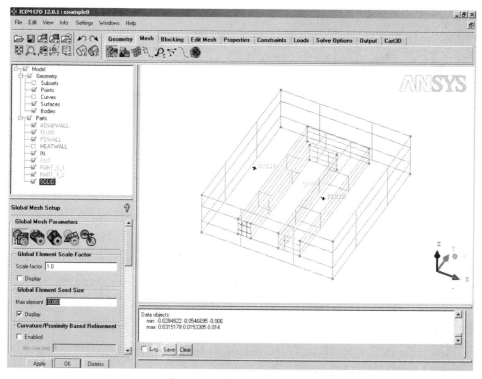

图 3.38　全局网格的设置界面

接着我们来定义四面体网格划分时的一些计算参数。单击第 3 个图标,显示网格划分计算参数,如图 3.39 所示。网格类型默认 Tetra,四面体网格;Mesh Method 默认通过 8 叉树方法生成网格。这种网格生成方式和一般的网格生成器有所不同的是,它是由体网格到面网格。这种方式的特点是内部网格质量非常好,但边界附近的网格质量一般都比较差。所以 ICEM 提供了非常强的网格光顺功能,提高网格质量。在初始网格生成后,马上进行网格光顺工作。所以下一行的 Smooth mesh 一定要勾选。Smooth mesh 不是一次光顺完成,ICEM 默认做 5 次光顺,网格质量小于 0.4 的网格参与光顺。

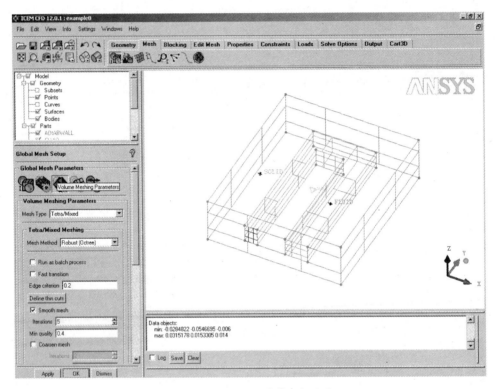

图 3.39　网格划分计算参数设置

在 Mesh 标签页里单击 Compute Mesh 图标,打开计算网格页面,如图 3.40 所示。单击中间的体网格图标,并单击 Compute,ICEM 将启动网格生成核心程序,开始划分网格。

在图 3.41 中,ICEM 划分网格时,在信息区开始不断反馈当前网格划分的进度。同时网格质量区被临时占用,显示当前网格划分进度的百分比。这个百分比只是工作任务的百分比,不是时间的百分比。ICEM 的网格划分任务包括生成初始网格、网格和边界相交、网格特征映射到几何特征、网格光顺这几个主要步骤。从信息区我们可以得到这样的反馈:现在正在进行的是生成初始网格阶段。目前已经生成了 4 万个网格。在工作任务百分比的最右侧有一个 Interrupt 按钮,可以随时终止网格划分工作。

图 3.42 显示出划分好的网格。ICEM 默认只显示面网格。体网格的显示非常耗时,如果显卡足够好,也可以显示出来。不过实际上看到的都是一堆乱七八糟的线,和看面网格没多大区别。现在我们将 HEATWALL 这个分组隐藏了,随之隐藏的不但有 HEAT-WALL 的几何面,相应的面网格也被隐藏了。说明 ICEM 已经将面网格和相应的面自动

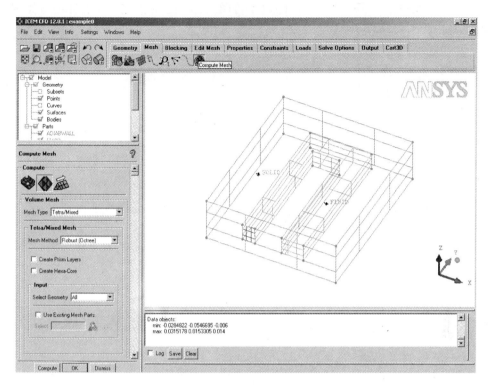

图 3.40   ICEM 中 Compute Mesh 按钮

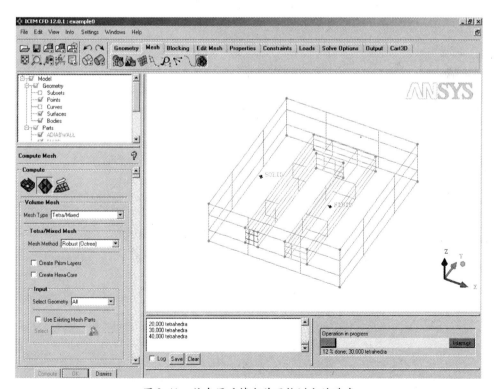

图 3.41   信息区反馈当前网格划分的进度

划分到一个分组里了。实际上,ICEM 会自动将面网格划分到相应的面所在的分组,将体网格划分到相应的 Body 所在的分组。

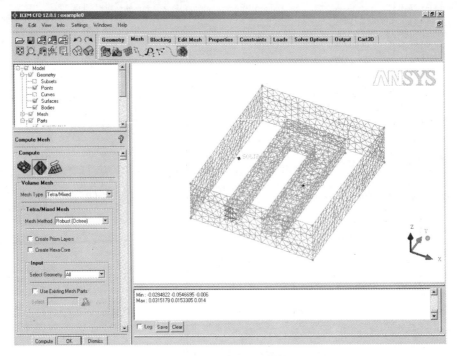

图 3.42　划分好的网格

图 3.43 是用渲染方式看面网格。仔细看一下实体树,此时几何面已经被隐藏了。如

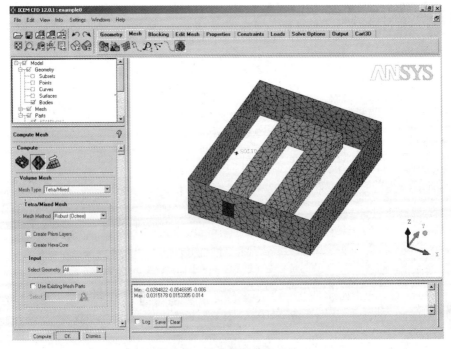

图 3.43　渲染方式看面网格

果不隐藏几何面,面网格和几何面会重合显示,相互影响,可能会看不清楚网格线。仔细检查一下这个网格,会发现一个问题:入口的网格只有 10 个,在一个方向上只有两层网格,另一个方向上只有三层网格。显然这种网格不可能符合数值仿真的要求,分辨率太低。局部加密是解决该问题最简捷的办法。

3.3.6 设置面加密网格

选择 Mesh 标签页的第 3 个按钮,设置面网格尺度。图 3.44 显示出面网格尺度设置。这个面网格尺度应该设置给几何面,而不是网格面。所以要在实体树中将几何面显示出来。

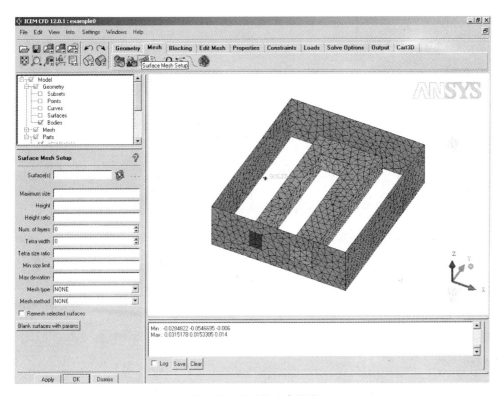

图 3.44 面网格尺度设置

勾选实体树 Gemotry 里的 Surfaces(图 3.45)。这样,再用鼠标选择时,就可以选中几何面了。我们希望加密的面是流固交界面。可以用鼠标一个一个面的选择,也可以将其他面隐藏,只留下需要选择的面,然后用鼠标框选。

图 3.46 是将其他面都隐藏,只留下了 FSIWALL 面的情况。

单击设置区第一行右侧的鼠标按钮,在图形区拉出一个矩形框,将所有没隐藏的面框选中(图 3.47)。

在第二行最大尺度栏填写 0.002,即网格尺度为 2mm 左右(图 3.48)。单击 Apply。

为了查看 2mm 的相对大小,可以类似于设置 global element size 时显示网格相对大小的情况,将用一个网格体将面网格相对大小显示在各个面上。在实体树 Surfaces 处单击右键,选择 Tetra Sizes(图 3.49)。

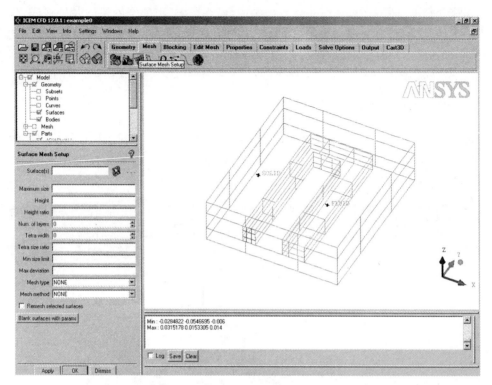

图 3.45　实体树 Gemotry 里只有 Surfaces 的情况

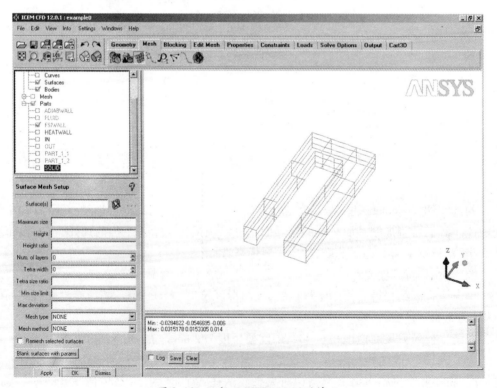

图 3.46　只留下 FSIWALL 面的情况

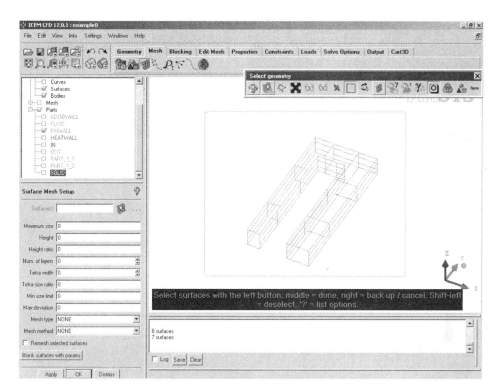

图 3.47　将所有没隐藏的面框选中

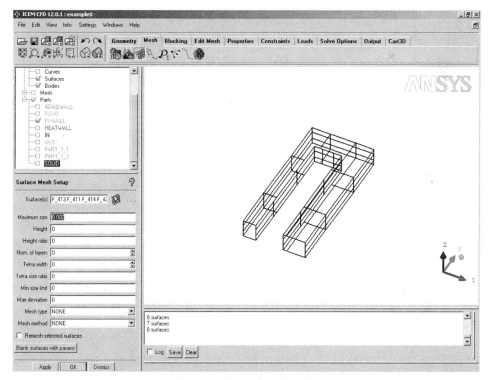

图 3.48　最大尺度栏填写情况

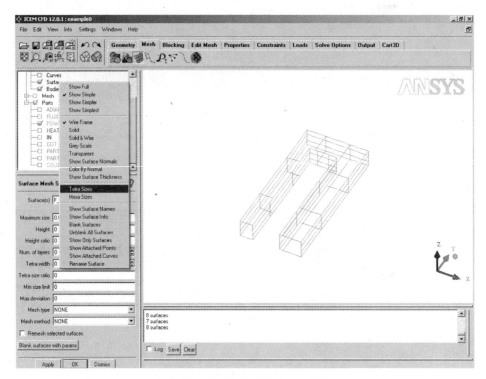

图3.49　面网格相对大小显示设置

在图3.50中可以看到,此时每个面的面网格尺寸都用一个小四面体表示出来。可以根据具体问题选择合适的网格加密尺度。

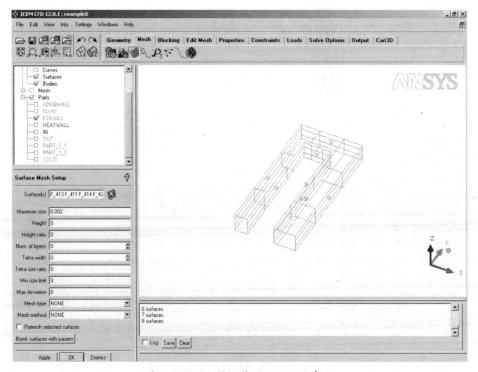

图3.50　面网格尺寸用小四面体表示

进入 Compute Mesh 设置面,用默认设置,划分网格(图 3.51)。

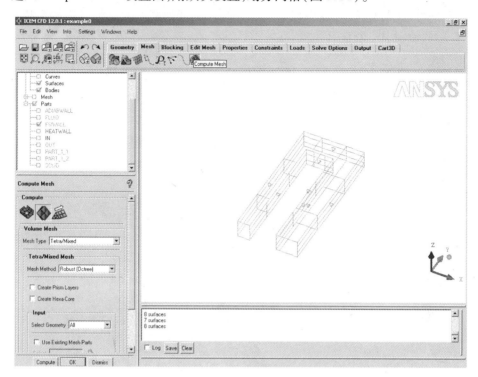

图 3.51　Compute Mesh 设置面

图 3.52 显示出加密后的面网格。我们看到在流固交界面处的网格明显比原来更密集。

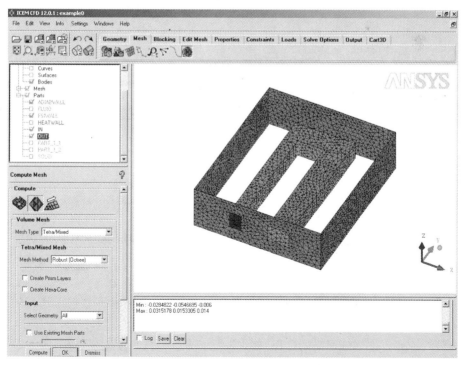

图 3.52　加密后的面网格

如果对这个网格不满意,可以再通过网格细化的功能,进一步加密网格。在 ICEM 中,不但可以做面加密,还可以做线加密、点加密、区域加密。大家可以在学会基本操作后,在日后的使用中不断学习和探索。

3.3.7　输出网格文件

网格已经生成,我们需要将该网格写成一个 CFX – Pre 可以识别的网格文件。

如图 3.53 所示,在工作菜单选择 Output 标签页,单击第一个按钮,Select solver,选择一个求解器。ICEM 可以为多种求解器生成网格,选中一个求解器,相当于定义一种网格输出格式。

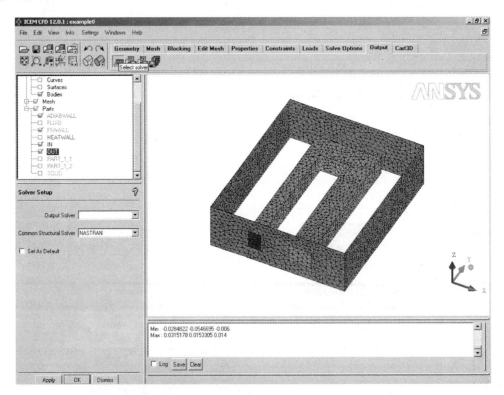

图 3.53　ICEM 中 Select solver 按钮

在图 3.54 显示的下拉框里选择 ANSYS CFX,单击 OK。

再单击最右侧的 Write input 按钮(如图 3.55)。

在图 3.56 所示的弹出对话框中,第二行是输出的网格文件路径和文件名。这个网格文件没有特定的后缀,可以取任何系统允许的名字。保留系统默认的名字 example0. cfx5 即可。从下往上第三行,有一个 ASCII or BINARY file 的选项。ASCII 就是文本文件,BINARY 就是二进制文件。BIN 文件要比 ASCII 文件小一些,所以一般情况下为节省硬盘空间,应选择 BINARY。单击 Done,ICEM 就会输出该文件。ICEM 的工作全部完成。

再简要回顾一下划分网格的过程:首先设置了全局网格尺度;之后对一些需要加密的区域设置了面加密;最后,将生成的网格文件输出成 CFX – Pre 能接受的格式。

44

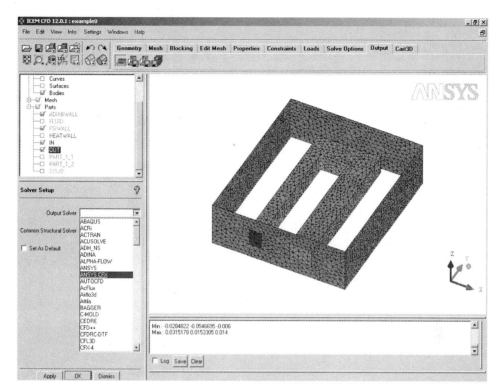

图 3.54　ANSYS CFX 选项

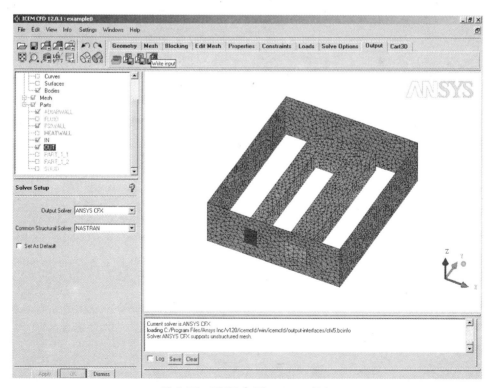

图 3.55　ICEM 中 Write input 按钮

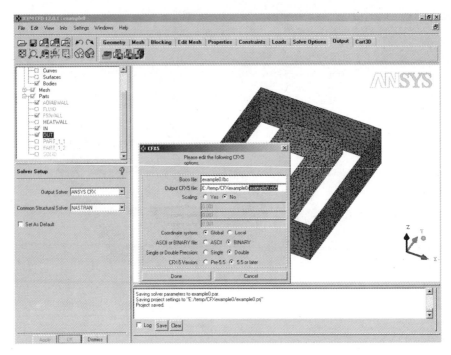

图 3.56 Write input 的设置界面

3.3.8* ICEM 几何线和点的作用

刚才在讲到消除重合面时,出现了图 3.57 所示的画面,消除重合面的同时,ICEM 自动将线和点重新提取出来。那么在 ICEM 中的线和点有什么用呢?下面用一个简单的例

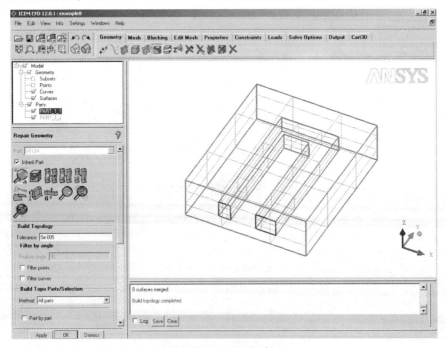

图 3.57 几何修复情况

子来说明。

图 3.58 显示一个圆柱。

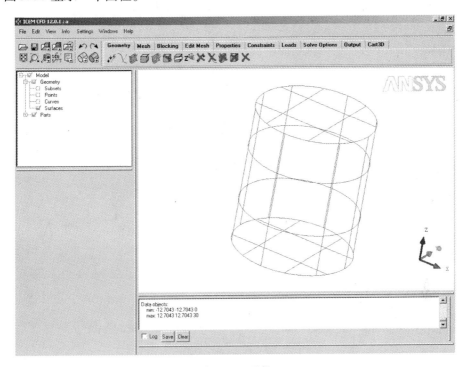

图 3.58　圆柱

图 3.59 是 Repair 后, ICEM 提取的线。

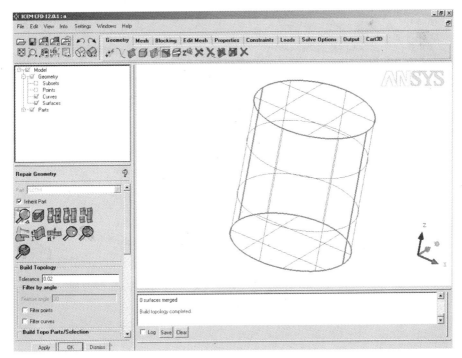

图 3.59　Repair 后 ICEM 提取的线

我们可以生成一个简单的网格,图3.60是线框模式的网格。

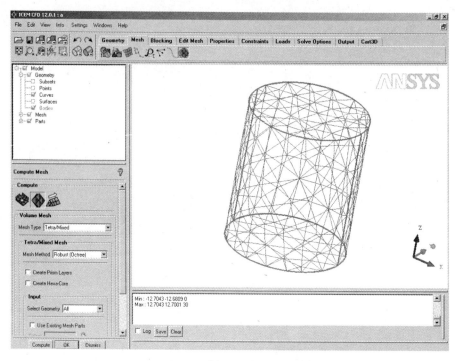

图 3.60 线框模式的网格

为看得更清楚,用渲染模式显示(图3.61)。我们看到,在圆柱面上,网格节点在纵向排列大致成一条直线,但不是严格的直线。但在两个半圆柱面的边界线上,发现网格节点

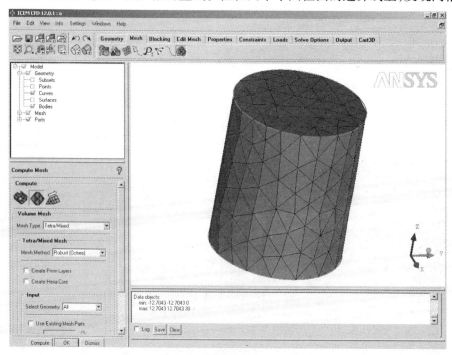

图 3.61 渲染模式显示网格

是严格纵向排列的,相应的网格线是一条直线。在圆柱的端部圆面的边界线上,网格节点都位于边界线上,相应的网格线排列成一个圆的内接多边形。

进入 Gemotry 页面,单击右数第 4 个按钮,Delete Curve,如图 3.62 所示。

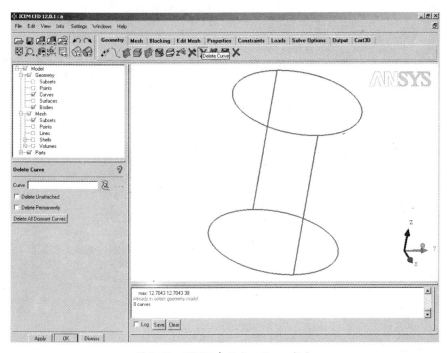

图 3.62   ICEM 中 Delete Curve 按钮

下面删除掉几个边界线。删除后的线且只有一个端面的圆和另一个端面的半圆(图3.63)。

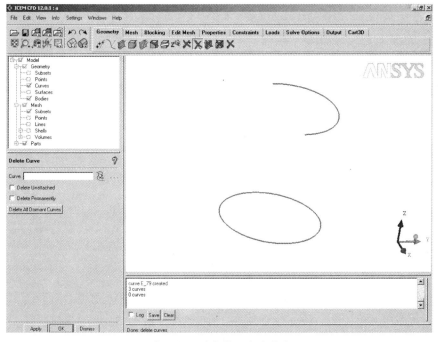

图 3.63   删除掉几个边界线

图 3.64 是重新生成的网格。在有边界线的地方,就有相应的网格线,没有边界线的地方,就没有网格线。对于圆柱侧面来说,这条线可有可无,但对于圆柱的端面来说,这条线就是必需的。至于具体的原因,就要对 ICEM 的网格生成原理进行讨论,这超出了本书的讨论范围,不再详细讨论,读者可以查资料或 ICEM 的帮助文档。

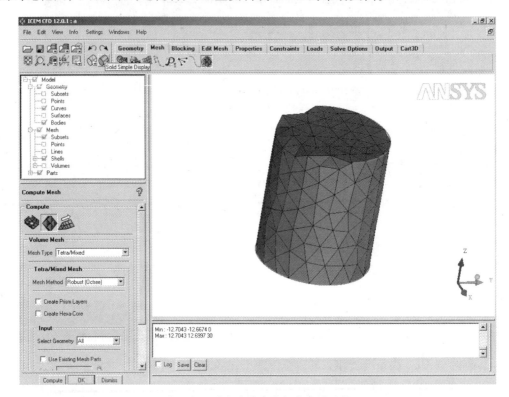

图 3.64　删除边界线重新生成的网格

3.4　前处理

通过 ICEM 我们准备了一个网格文件。网格文件里为不同的边界条件定义出不同的面网格组,为不同的求解域定义出不同的体网格组。接着需要进入 CFX – Pre,开始求解问题定义工作。

要启动 CFX – Pre,需要先启动 CFX – Launcher。

在 Launcher 中的工作路径栏中,选择好我们的工作路径"E:\temp\CFXexample0"。我们的工作文件都将保存在这个工作路径中。

然后单击 CFX – Pre 按钮,启动 CFX – Pre,如图 3.65 所示。

3.4.1　导入网格文件

图 3.66 是 CFX – Pre 启动后的界面——典型的 Windows MDI 窗口。首先要新建一个计算案例,单击 File→New Case。

在图 3.67 的弹出对话框中,CFX – Pre 为使用者提供了 4 种建模方式。其中 General

图 3.65 CFX – Pre 按钮

图 3.66 CFX – Pre 启动后的界面

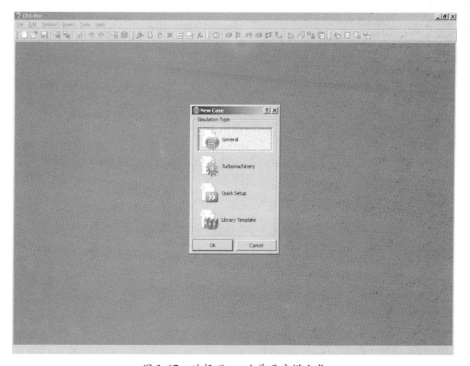

图 3.67 选择 General 普通建模方式

是普通建模方式。选择 General,单击 OK。

此时,CFX – Pre 使用 General 模型模板为使用者建立了一个名为"Unnamed"的 Case。我们来简单观察一下这个模板模型。

在 CFX – Pre 中,物理模型的全部信息都通过显示在设置区中的一个树状结构进行管理,称为模型树,如图 3.68 所示。在模型树中看到,General 模板为我们建立了 4 个节点,Mesh、Simulation、Simulation Control、Case Option。Mesh 用来管理模型的网格,将来我们导入的网格将放在 Mesh 节点下。Simulation 用来管理计算模型信息,如边界条件等。Simulation Control 和 Case Option 在本书用不到,这里不展开讨论。

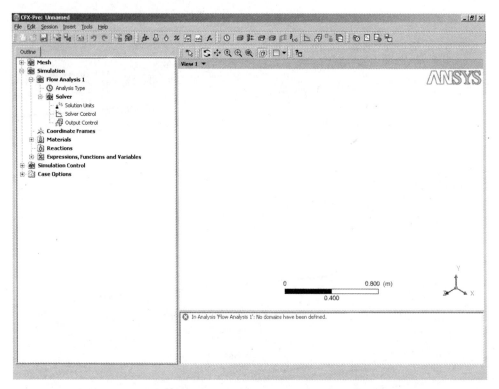

图 3.68　模型树

首先要把这个"Unnamed"的 Case 保存为我们需要的名字。这不是必须的,但这是一个做数值模拟的好习惯。单击 File→Save Case,如图 3.69 所示。

在图 3.70 所示的弹出对话框里输入 example0. cfx,单击 Save。

图 3.71 中的标题栏上已经出现了 example0。接着开始导入网格。单击 File→Import →Mesh。

图 3.72 弹出的对话框内出现了导入网格的文件名称和参数。

做如下设置:网格格式 Mesh Format 为 ICEM CFD,选择 ICEM 输出的网格文件 example0. cfx5,网格单位选择 m(这是因为在 ICEM 中用 meter 为单位划分的网格)。单击 OK。

图 3.73 显示了导入的网格。

在模型树中可以看到,在 example0. cfx5 这个网格中,有两个 3 维区域,Fluid 和 Solid。在 Fluid 体网格上有面网格 IN、OUT。IN 和 OUT 是在 ICEM 中设置的边界面。在 Solid 体

52

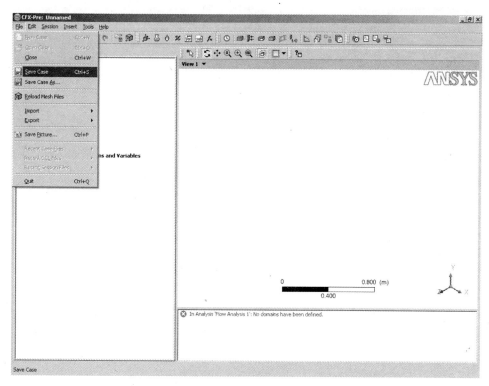

图 3.69　保存 Case 操作

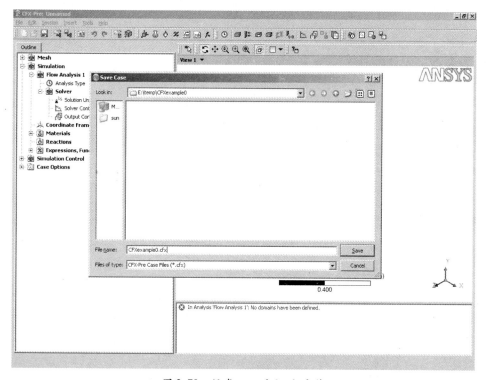

图 3.70　保存 example0. cfx 文件

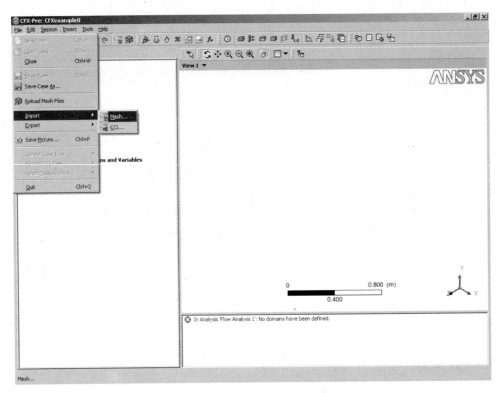

图 3.71 导入网格操作界面

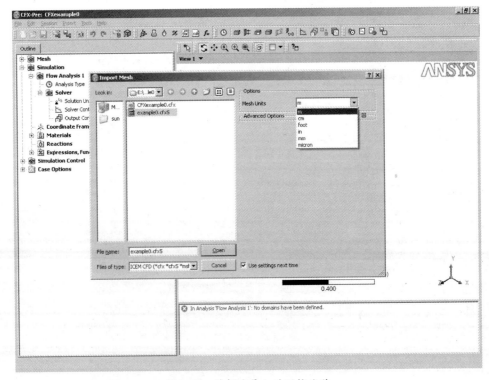

图 3.72 选择应导入的网格名称

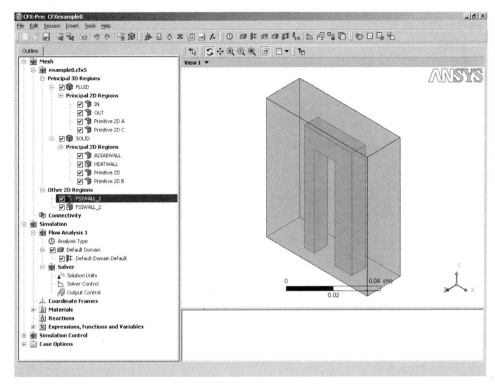

图 3.73　导入的网格

网格上有面网格组 ADIABWALL、HEATWALL。ICEM 网格导入到 CFX – Pre 后,CFX – Pre 会自动在交界面处将一套面网格 FSIWALL 变为两套面网格 FSIWALL 1 和 FSIWALL 2。 Primitive 2D(A/B/C)是 CFX – Pre 根据几何特征自动生成的分组。

3.4.2　设置求解类型

导入网格后,需要在 CFX – Pre 中定义求解类型、创建求解域、设置边界条件及设置求解参数。

在真正设置求解条件之前,需要再回顾一次我们的物理问题。有两个实体,一个是固体叶片部分,材料是铝,另一个是流体部分,里面流动的是空气。在铝质叶片的上下两面为等热流加热面,5000 W/m^2。一个空气的入口,流速是 1m/s,温度是 20℃。另一个空气出口,出口排向大气。

在模型树中(图 3.74)看到,除了在 Mesh 节点导入了一个网格 example0. cfx5 外, CFX – Pre 还在下面的 Simulation 节点自动建立了一个求解问题 Flow Analysis 1,并自动建立了一个分析类型子节点 Analysis Type,一个求解域子节点 Default Domain 和一个求解参数子节点 Solver。我们要做的设置就是在这个实体树上修改(或建立)求解类型、求解域、边界条件以及求解参数。

先从 Analysis Type 开始,如图 3.75 所示。什么是 Analysis Type? 右键单击 Analysis Type,并选择 Edit。

图 3.76 是单击后出现的 Tab 页面。在 Option 中默认选择的是 Steady State,即定常分析。

55

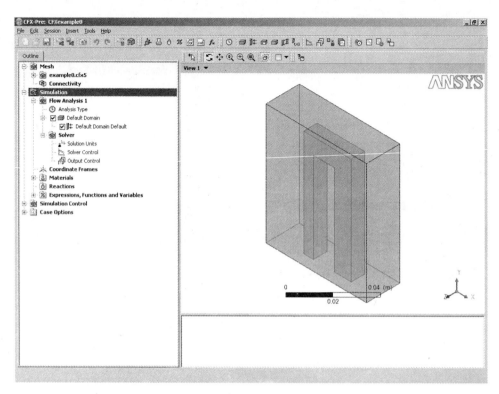

图 3.74　导入网格后的模型树

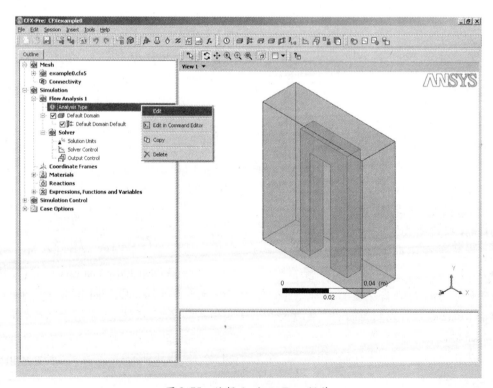

图 3.75　编辑 Analysis Type 操作

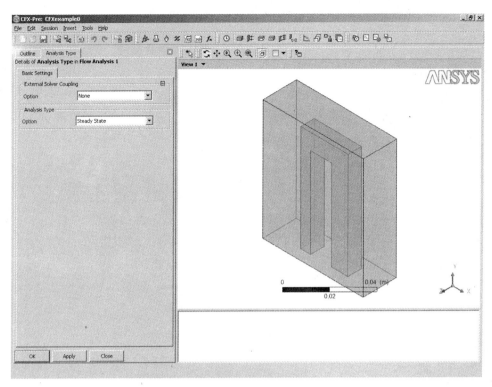

图 3.76　定常分析设置

可以看出,这个功能是用来设置时间相关量的,即我们求解的是定常问题还是非定常问题,我们选择定常。多数的流动传热问题都可以用定常问题求解,单击 OK。

3.4.3　创建求解域

前面提到在实体树中,CFX – Pre 默认准备了一个求解域。什么是求解域? 域,Domain,在 CFX 中,需要满足两个条件,一是几何单连通域,二是域内各点的物理(化学)属性是统一的。这句话理解起来比较晦涩,我们通过本例来说明,先看固体部分,这是一个几何单连通域,而且域内各点的材料都是铝,所以可以将固体部分定义为一个 Domain。再看整个模型,这是一个几何单连通域,但域内各点的材料属性不一致,一部分是铝,另一部分是空气,所以不能将整个模型定义为一个 Domain,只能将固体部分定义为一个 Domain,流体部分定义为另一个 Domain。通过 Domain,可以方便地改变某一个区域的材料,例如将铝换成钢,将空气换成水。

在实体树中选中 Default Domain 后,右侧图形区会显示 Domain 所代表的网格区域,如图 3.77 所示。

通过前面的讨论可知,这个换热模型应该分为两个求解域,一个流体 Domain,另一个固体 Domain。CFX 默认的 Domain 会把整个模型都包含进来,不符合要求。在实体树的 Default Domain 节点上单击右键(图 3.78),在弹出对话框中选择 Delete,把这个默认的 Domain 删除。

删除现有 Domain 后,我们要建立两个新的符合我们要求的 Domain。在 CFX – Pre

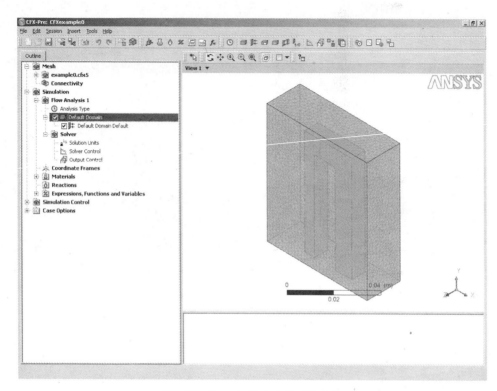

图 3.77　Domain 所代表的网格区域

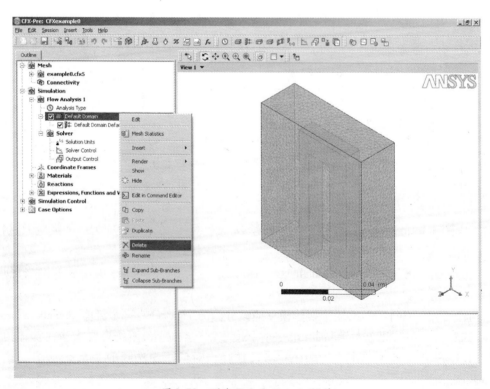

图 3.78　删除 Default Domain 操作

12.0 中，"新建"的操作称为 Insert。这些 Insert 的功能都放在主菜单的 Insert 下拉菜单中。选择主菜单的 Insert→Domain，如图 3.79 所示。

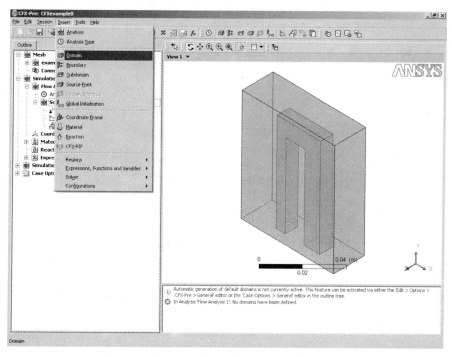

图 3.79　建立新的 Domain 操作

图 3.80 中的弹出对话框提示给新的 Domain 起一个名字，我们输入 fluiddomain，单击 OK。

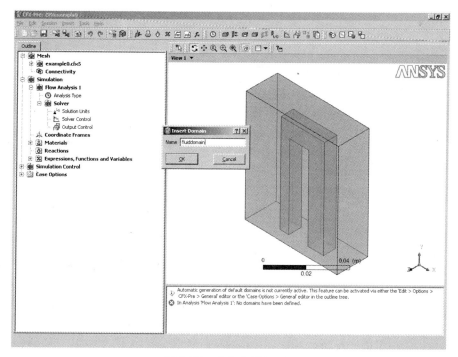

图 3.80　建立 fluiddomain

设置区会出现一个新的 tab 页面,如图 3.81 所示,显示 Domain 的设置内容。设置内容分为 3 部分、Basic Settings 基本设置、Fluid Models 流体模型以及 Intialisation 初始化。

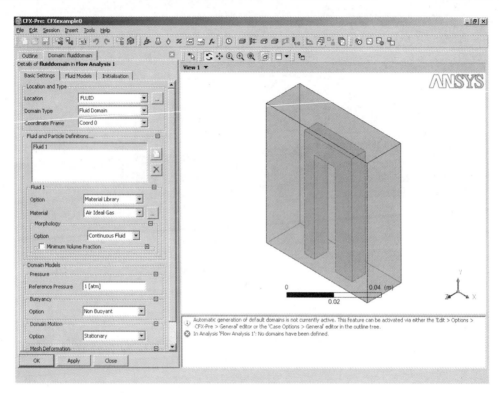

图 3.81　fluiddomain 的设置内容

在 Basic Settings 页面输入如下参数。

Location 选择 Fluid。这是选择一个几何单连通域。Domain Type 选择 Fluid Domain (注:Fluid Domain(流体域)意味着要求解连续方程、动量方程和能量方程。CFX 还提供了 Solid Domain(固体域)和 Porus(多孔介质域)。固体域只求解传热方程,多孔介质域是在流体域的基础上自动增加一个流动阻力源项来模拟多孔介质)。Fluid List 选择 Air Ideal Gas,理想空气。这个理想空气是 CFX 自带的材料库中已经设置好属性的一种材料。如果要设置一种新材料或改变材料的属性,就需要在材料编辑器中修改。本书后面还会提到如何进入材料编辑器,但不详细介绍。

Reference Pressure(参考压力)选择 1 个大气压(atm)。这里简单介绍一下参考压力。众所周知,在计算机中,浮点数的有效位数是有限的。在数值计算中,有可能出现两个数值上接近的大数相减的情况。如果两个大数的有效位数是 7 位,例如一个是 1234567,另一个是 1234568,这两个大数的误差都是 ±0.5。如果两个数相减,差为 1,其误差为 ±1,误差率达到 100%。这就将给我们的数值求解过程带来了严重的误差甚至计算错误。如果我们在表达这两个大数时,以一个接近它们的值为参考值,计算机中存储的就是两个大数和参考值之间的差值。同样计算机的有效位数是 7 位时,两数相减后的有效位数也会比较多,这样就尽可能地提高了计算机存储数据的精度。在物理问题中,全场的压力都在 1 个标准大气压附近,这样就可以将所有的压力值存储为实际值和参考压力(1 个标准大

60

气压)的差值,从而提高计算精度。CFX 在计算中,如果要计算压差,会直接使用计算压力,如果要计算一些需要真实压力值的量(如理想气体密度)时,会将计算压力加上参考压力获得真实压力后再计算这些量。其余选用默认设置。

单击进入第二个标签页,Fluid Models,流体模型,如图 3.82 所示。

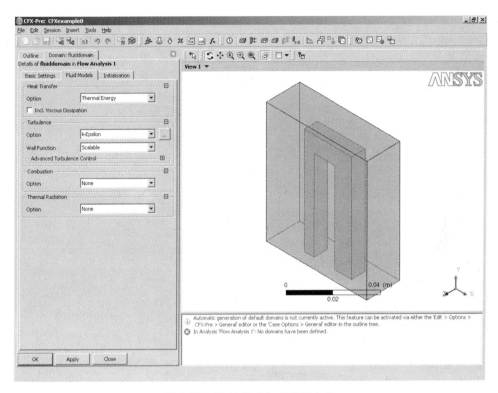

图 3.82　Fluid Models 的设置内容

Fluid Models 设置除连续方程和动量方程外,还需要求解哪些方程?我们看到的选项包括能量方程,湍流模型,化学反应模型和热辐射模型。传热模型中,选择 Thermal Energy,热能方程。这个方程忽略了能量方程中的压缩项,所以适合于压缩性较小的流动。在多数的对流传热中,压缩性都不大,可以用 Thermal Energy 方程比较精确地表达。数值仿真的原则是小误差的情况下,尽可能选用简单方程。一方面简单方程有利于提高计算速度,另一方面简单方程非线性因素相对较少,易于收敛。

湍流模型用默认的 $k-\varepsilon$ 模型。对如何选择湍流模型,至今学术界也没有公认的意见。就作者查阅的文章情况看,各种湍流模型都有各自的优势和劣势。一般湍流模型都是根据一些精密实验的数据进行修正,所以湍流模型对于和自身修正实验物理现象相近的工程问题,计算结果和实验差异都比较小,对于其他类型的流动问题,则差异很大。而标准 $k-\varepsilon$ 模型对所有的流动问题都有比较好的普适性,即对多数流动问题,它的精度都处于多种湍流模型的中游水平。并且标准 $k-\varepsilon$ 模型的收敛性比多数湍流模型要好,计算速度也略快。因此,作者建议关心一般宏观流动规律,以研究工程问题为主的多数工程人员使用标准 $k-\varepsilon$ 模型,而专注于流动细节,以研究前沿科学问题为主的研究人员则需要根据不同的研究问题,使用各自特定的湍流模型。

单击 Initialisation 标签,进入初值设置页面。初值设置的参数如图 3.83 所示。

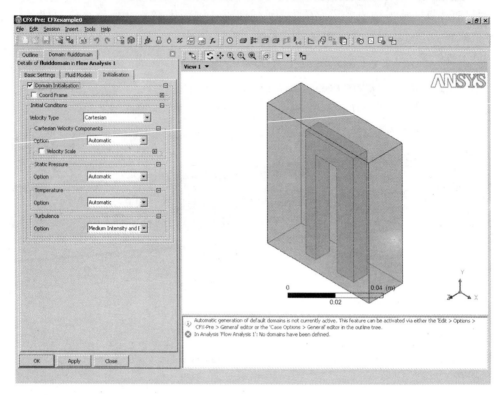

图 3.83　初值设置页面

什么是初场? 在计算传热学中有明确的定义,这里做一个简单说明:数值求解通常通过迭代的方法进行求解,迭代的特征是从一个假设的压力、速度、温度场开始,通过数值算法,计算出新的压力速度温度场。这个假设的压力、速度、温度场就称为初场。多数对流换热问题对初场不敏感,即使用简单的初场就可以获得收敛的计算结果。但也有少数问题对初场比较敏感,需要设置复杂的初场才能收敛。

对于本问题,使用简单初场就可以收敛。我们将全部的选项都选择自动。在 Turbulence 中选择 Medium(中等湍流度)

通过这些设置可以看到,Domain 设置的都是空间体的信息,包括材料物性和求解哪些方程。

在图 3.84 的实体树中看到,CFX – Pre 已经建立了一个 fluiddomain 的域节点。

如果双击域节点 fluiddomain,或者右键单击 fluiddomain 并选择 Edit,还可以修改刚才的设置。

这个内冷通道模型还有外面的固体区域,所以还要建立一个 Domain。再选择 Insert→domain,并在弹出对话框中输入求解域名 soliddomain,如图 3.85 所示。

图 3.86 显示 soliddomain 的设置界面。Location 选择 SOLID。Domain Type 选择 Solid Domain。这时看到,第二个标签页已经变成 Solid Models 了。Domain Type 定义是否求解连续方程和动量方程。后面的 Fluid Models 或 Solid Models 标签页定义的是其他方程。这里将材料选为 Aluminium(铝),其余用默认值。

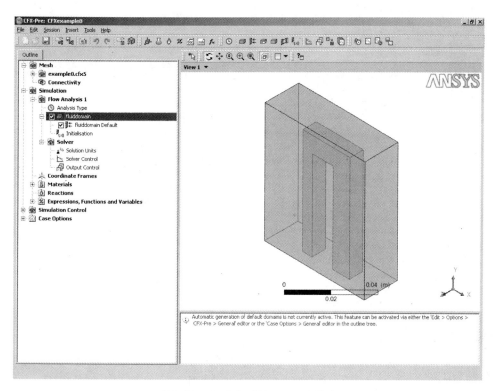

图 3.84 出现 fluiddomain 的域节点

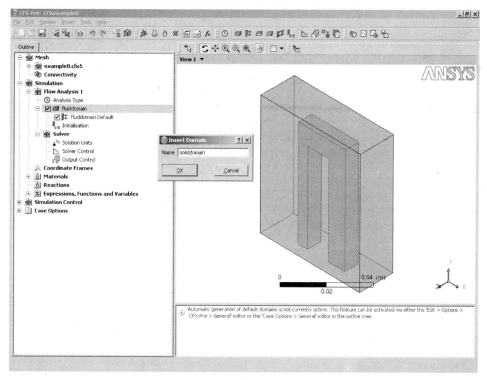

图 3.85 建立 soliddomain

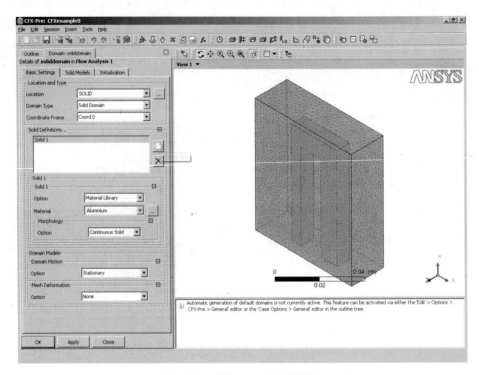

图 3.86　soliddomain 的设置界面

在图 3.87 的 Solid Models 标签页中，Heat Transfer 选择热能方程。因为对固体来说，没有流体的压缩性问题，所以只有 Thermal Energy。

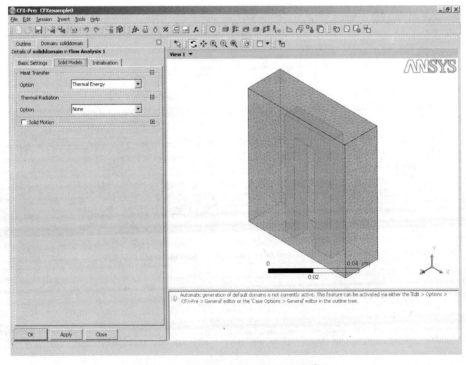

图 3.87　Solid Models 标签的设置界面

图 3.88 显示的初值都选择自动,单击 OK。

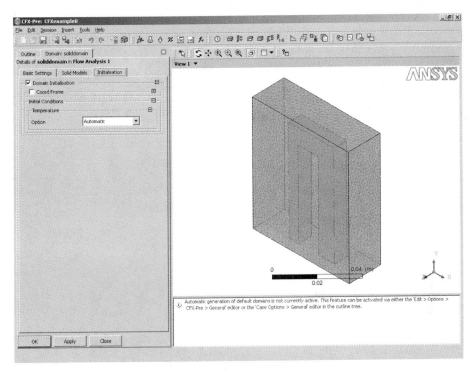

图 3.88　初值设置界面

在图 3.89 中看到,此时在设置区中,已经出现了两个求解域。

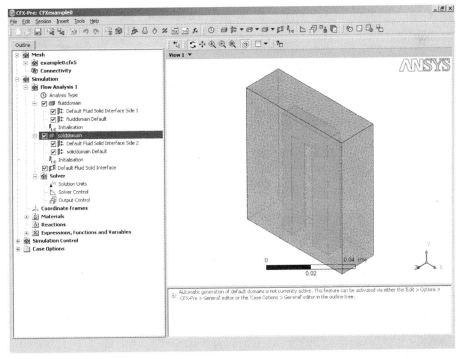

图 3.89　设置区出现两个求解域

3.4.4　设置边界条件

接下来需要设置边界条件。在 ICEM 中,一共创建了 5 个面组,分别是 In(对应入口条件)、Out(对应出口条件)、Heatwall(对应加热膜)、Adiabwall(对应绝热面)、Fsiwall(对应流固交界面)。Fsiwall 对整个模型来说不算是边界条件,因为它是内部的交界面,其上的值是求解出来的,无法给出任何确定性的条件。所以一共有 4 个边界条件,下面逐个创建。

如图 3.90 所示,单击 Insert→Boundary→in fluiddomain,在 fluiddomain 中插入边界条件。

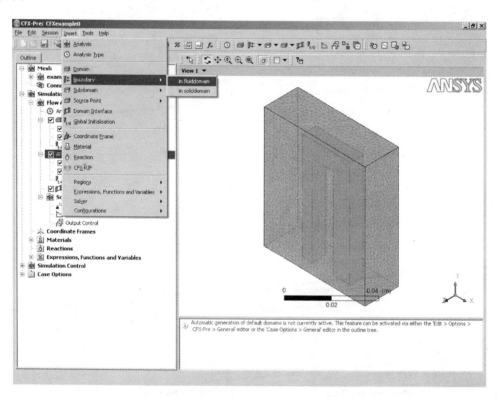

图 3.90　在 fluiddomain 中插入边界条件操作

在图 3.91 中的弹出对话框里,需要为边界条件起一个名字。先设置入口边界,名字可以叫做 airin,单击 OK。

图 3.92 的 Boundary 页面的 Basic Settings(基本设置)中,首先需要选择边界类型。CFX 中有 5 种边界条件,分别是 Inlet(入口边界条件)、Outlet(出口边界条件)、Wall(壁面边界条件)、Opening(开放式边界条件)、Symmetry(对称边界条件)。其中 Inlet、Outlet 和 Opening 是流动边界,Wall 是流动传热边界,Symmetry 是数值特殊边界。对流动来说,CFX 定义 Inlet 面只能进不能出,需要给定边界的值,如温度、压力、速度;定义 Outlet 面只能出不能进,并做局部单项化处理,即各个量的出口法向梯度为 0;定义 Opening 面既可流入又可流出,流入时采用入口边界设置,流出时采用出口边界设置,所以 Opening 的设置中流入和流出 2 种可能性都要设置;壁面边界对流体来说是法向速度为 0,法向压力梯度为 0。对固体来说有典型的三类边界条件,温度值、热流、对流换热系数。Symmetry 是为

66

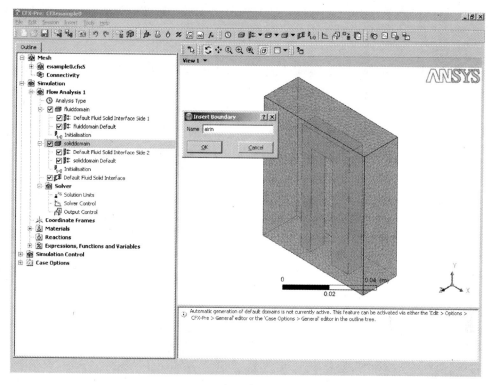

图 3.91　设置入口边界

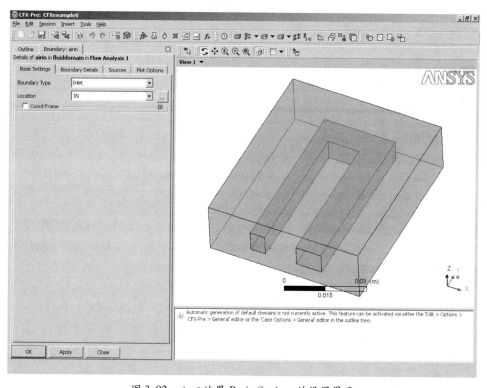

图 3.92　入口边界 Basic Settings 的设置界面

减小计算模型而做的特殊处理边界,物理上是不存在的。Symmetry 要求几何面必须是平面,流体的法向速度为 0,其余所有物理量的法向梯度为 0。

这里选择 Inlet,入口边界条件。Location 选择面网格组 In。

在图 3.93 所示的第二个标签页 Boundary Details 中,需要设置入口边界的各个物理量的值。软件提供了多种设定方式,我们选择最直接的方式,直接给定速度、温度。速度为 5m/s,温度为 20℃。注意,这里所有的设置都是有单位的,一定要选择正确的单位。温度的默认值为 K,需要将它改为 C(即℃)。当入口条件不是单一的值,而是一个温度或速度分布时,后面的标签页 Plot Options 可以显示分布的曲线形状。这里我们用不着,直接单击 OK,结束设置。

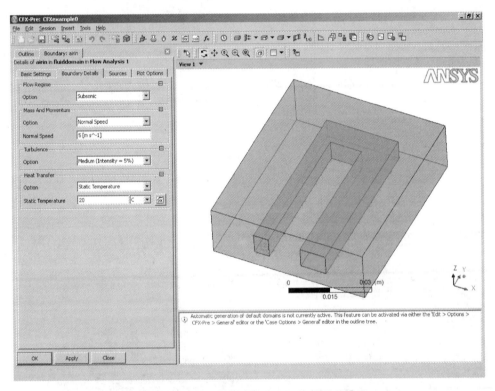

图 3.93　入口边界 Boundary Details 的设置界面

在图 3.94 中,可以看到一些变化。在模型树中,在 fluiddomain 下面多了一个 airin 节点,同时在图形区,软件用向内箭头的方式表示这是一个入口边界。此时如果双击 airin 节点,或者右键单击 airin 节点,并选择 Edit,就会出现边界条件的 Tab 页面,供使用者编辑修改,读者可以自己尝试。

同样的操作,建立一个出口边界。边界名字是 airout,如图 3.95 所示。

在 Basic Settings 中,选择边界类型为 Outlet,位置选择 OUT 面,如图 3.96 所示。

接着进入图 3.97 所示的 Boundary Details 界面。此时看到,这里的参数和 inlet 差别很大。前面已经提到过,出口边界一般是假设法向梯度为 0 的条件,所以很多参数不需要设置。这里选择最常用的配置,Option 选择 Subsonic 亚声速出口,设置出口相对静压为 0。这里出口相对静压是实际静压和求解域中的参考压力的差值。需要说明的是,排向大

68

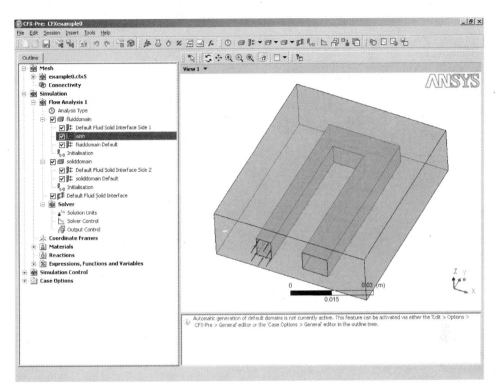

图 3.94   fluiddomain 下面多了子节点 airin

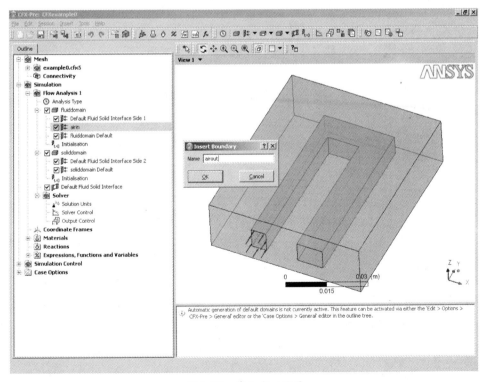

图 3.95   建立出口边界

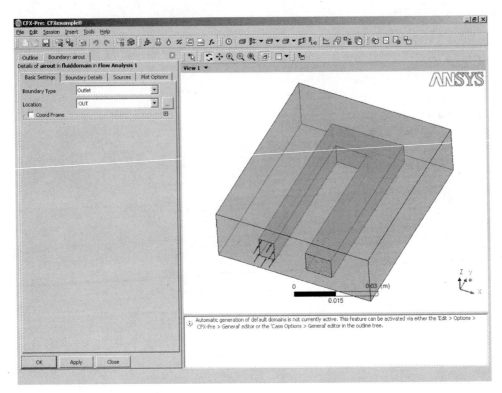

图 3.96　出口边界 Basic Settings 设置界面

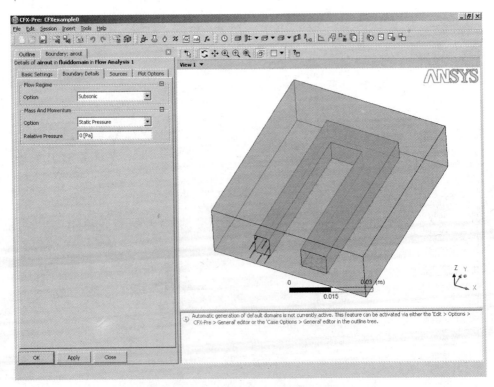

图 3.97　出口边界 Boundary Details 界面

气并不意味着出口静压为大气压。这种情况下出口静压仅仅是约等于大气压力。最好的方式是将出口周围的大气也纳入到计算模型中,以尽可能减少边界条件不准确对计算结果的影响。但本书的主要目的不是讨论边界条件,而是讲解 CFX 的使用方法。如果对这个问题感兴趣,读者可以参考计算流体力学或计算传热学教材。

在图 3.98 中,在 flniddomain 域下面出现了一个 airout 子节点。在图形区,CFX – Pre 用向外的箭头表示这里是出口边界。

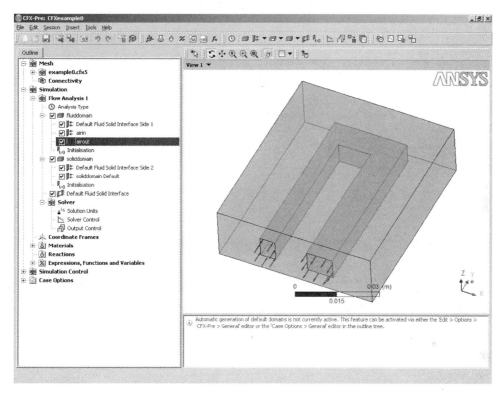

图 3.98　flniddomain 域下面出现了子节点 airout

下面还要建立一个加热边界。如图 3.99 所示,输入边界条件名 heating(由于加热边界是固体的边界,所以选择 domain 时应选择 in soliddomain)。

在图 3.100 的对话框中,第一个标签 Basic Settings 的 Boundary Type 选择 Wall,并在 location 选择 HEATWALL。

在图 3.101 的 Boundary Details 中可见,由于这是 solid 域,所以很多和流体有关的选项都没有,只有和传热有关的选项。由于给的是热流,所以选择 heat flux,热流值为 5000 W/m²。在传热学中,这类直接给定热流的壁面边界条件成为第二类边界条件。heat transfer 中选择不同选项,也可以设置第一类和第三类边界条件。

在图 3.102 中,在 soliddomain 中多了一个边界条件节点,叫 heatinig。

仔细检查图 3.102 中的树状结构,在 fluiddomain 中,有 3 个边界条件,第一个 airout,是我们建立的;第二个 airin,也是我们建立的;第三个是 Default Fluid Solid Interface Side 1,这不是我们建立的。从名字可以猜出,这是软件自行建立的流固交界面条件。目前在 fluiddomain 中,in 和 out 都做了定义,因此在这个默认边界条件中,只有 FSIWALL 面。

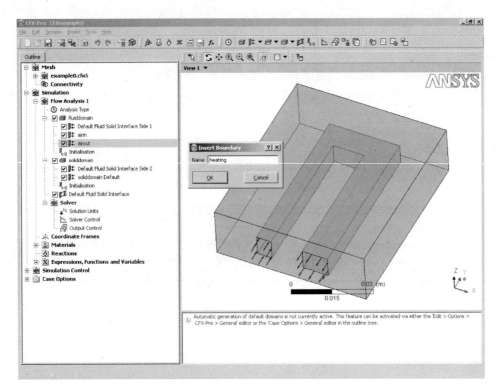

图 3.99　建立加热边界

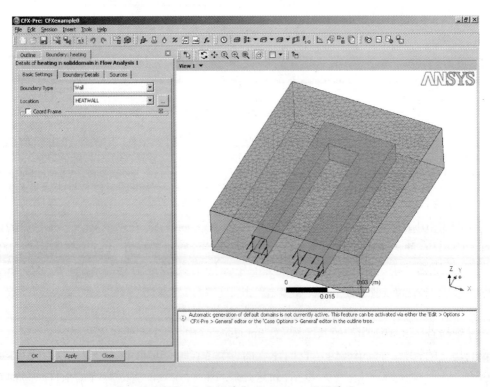

图 3.100　加热边界 Basic Settings 设置界面

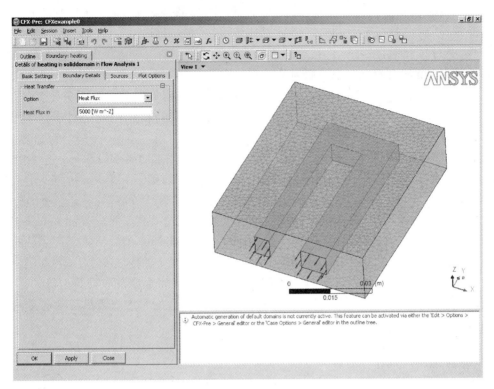

图 3.101　加热边界的 Boundary Details 设置界面

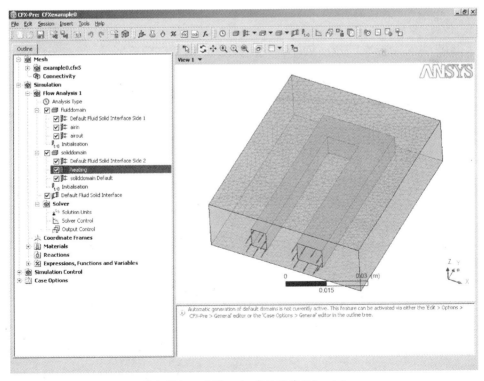

图 3.102　soliddomain 多了子节点 heatinig

在soliddomain中,除了heating边界面外,也有一个软件自行建立的流固交界面条件,Default Fluid Solid Interface Side 2。除此以外,还有一个soliddomain Default边界条件。在CFX中,所有的未被定义的面都被放到这个系统自行建立的边界条件中。这个默认的边界条件是绝热无滑移壁面。当我们为某个面设置了边界条件,这个面就从默认的边界条件中提取出来。因此在soliddomain Default中包含了其余的4个外表面,并且定义为绝热面。对于固体的4个外表面,本就计划将它们定义为绝热面,和系统默认值相同。所以可以不必重复设置,保持现状即可。

那么Default Fluid Solid Interface Side 1和Default Fluid Solid Interface Side 2这两个流固交界面是什么边界条件呢?我们沿着模型树再向下看,可以看到一个和domain同级的节点,Default Fluid Solid Interface。这是一个流固交界面节点。对于每个交界面,一定是两个求解域交界的位置,因此必定存在重合的两个面。在流固交界面上,存在两个面,一个是Default Fluid Solid Interface Side 1,流体域的面;另一个是Default Fluid Solid Interface Side 2,固体域的面。这两个面之间要进行传热的耦合。对传热学而言,流固交界面上的传热条件是温度相同,热流相同。因此,流固交界面将强制两个域上的两个位置重合的面的温度相同,热流相同。

到此为止,为所有的面都定义了正确的边界条件,所有的物理问题都已经定义完成。下面就要定义求解条件了。

3.4.5* 编辑材料属性

在定义求解条件前,有的读者可能会有疑问,刚才我们定义流体域时,直接选择了理想空气作为流动物质,这是正巧软件的材料库中有我们想要用的流动物质;如果要用的流动物质在材料库中没有,怎么办?

先来看图3.103,顺着模型树向下看,在和Flow Analysis 1同级的一个节点中,有一个

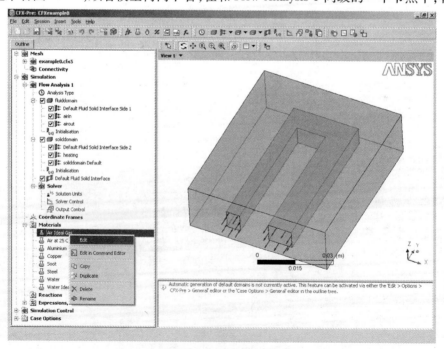

图3.103　当前模型的材料库

74

Materials 节点,下面有若干个材料节点。这是当前模型的材料库。如果有一个新材料,可以通过新建材料的方式建立这个新材料,但更方便的是在数据库中已有的类似材料的基础上做修改。

右键单击需要修改的材料,弹出菜单中有一个 Edit 的选项。选择 Edit,就可以进入编辑材料属性的界面。这部分功能稍微复杂,超出了本课程的基本思路,读者可以通过软件帮助文件自行学习。

3.4.6 设置求解参数

如图 3.104 所示,在 Solver 节点中,右键单击 Solver Control 节点,选择 Edit,打开求解控制参数界面。

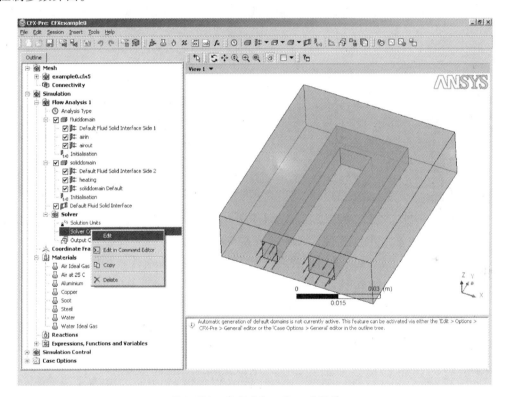

图 3.104 编辑 Solver Control 操作

图 3.105 是控制参数设置界面。

在 Basic Settings 中可以看到计算传热学中熟悉的术语:差分格式,收敛控制,迭代步数,残差目标。之前所做的一切,都是定义物理问题。只有到了这里,才真正迈入了数值求解的大门。这个例子只是为大家展示求解流程,所以以快速获得结果为目的,计算精确与否不作为计算主要目标。

在差分格式中选择迎风格式。现在一般的计算结果都要用二阶或高阶格式获得,但这些格式计算过程稍慢,而且不如迎风格式鲁棒,所以可以通过一阶迎风获得初场,然后再用高阶格式继续计算。

收敛残差设为 1e-5。CFX 中,1e-4 的残差一般可以获得比较稳定的分布图形,

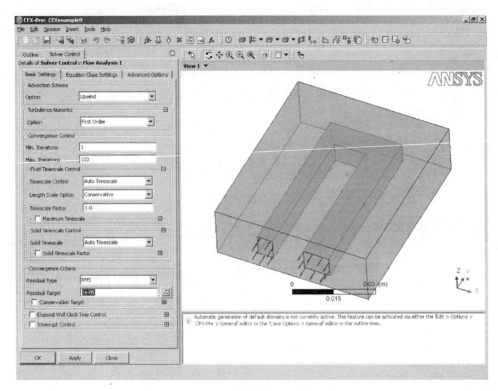

图 3.105　控制参数设置界面

但积分量可能不准,1e-5 可以获得工业上可以接受的积分量数值。1e-6 是非常准确的计算,工业问题常常难以获得这么小的残差,通常只在简单的科研问题上,才采用这一标准。这些经验可以帮助使用者在学习初期对 CFX 的残差有一些概念性的了解,但在真正使用 CFX 解决问题时,要根据实际问题的情况对残差多少比较合适进行主观判断。

　　一般情况下,迭代求解应以残差作为控制求解是否结束的标准,即残差小于预定的设置值,才能结束迭代求解过程。但迭代过程通常是不可控的,无法预先判断计算是否收敛,也无法预先判断在多少次迭代后收敛。如果残差一直不收敛,计算机就会一直迭代下去,变成无限循环。因此为了避免这种无限循环,在数值计算软件中,都会设置一个最大迭代步数,即使计算残差一直未达到要求的残差值,迭代一定次数后,计算也会自动终止。在 CFX 中,这个值称为 Max Iterations,设为 100。CFX 的求解器比较特殊(耦合求解技术),一般的计算用几百步就可以收敛,这和其他 CFD 软件上万步的迭代有很大的不同。

　　做完了数值求解的设置,全部设置工作就已经完成。我们需要将这些设置和网格输出到一个 . def 文件中。CFX 求解器将从这个文件中读入网格,以及求解控制参数,并完成求解过程。如图 3.106 所示,单击 Tools→Solve→Write Solver Input File。

　　在图 3.107 的弹出对话框中,将 Quit CFX - Pre 前的勾选去掉。单击 Save。

　　此时,CFX 已经在工作路径中建立了一个 example0. def 的文件,如图 3.108 所示。

　　现在 CFX - Pre 中的全部工作都已经完成,单击 file→quit,退出 CFX - Pre。

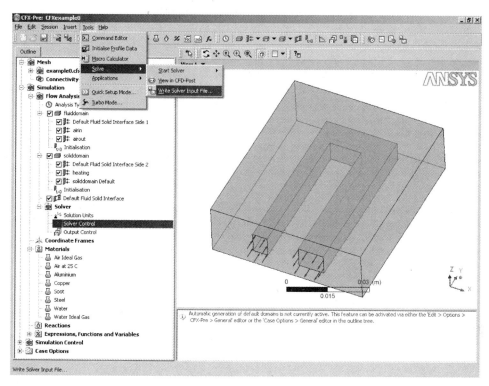

图 3.106 网格输出到 .def 的操作界面

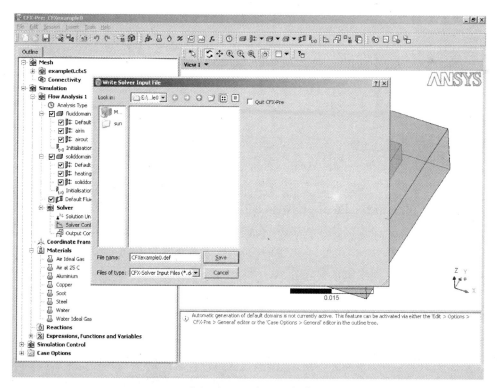

图 3.107 保存 .def 文件

图 3.108   建立了 example0.def 文件

3.5   求解及求解监视

下面开始求解这个叶片内冷通道对流传热问题。

在 Launcher 中单击 CFX – Solver 按钮。CFX 会启动 CFX – Solver Manager，而不是 Solver。

如图 3.109 所示，单击 File→Define Run。准备开始启动一个求解过程。

在图 3.110 的弹出对话框中，第一行 Solver Input File 是选择求解定义文件的路径和文件名，选择刚才在 CFX – Pre 中输出的 .def 文件。再向下看，Run Mode，这里是设置是否并行计算的地方。CFX 提供了 4 种并行计算的方式，两种 SMP，共享内存并行计算，即一个主板上多个 CPU 核的并行；两种 DMP，即不同主板上的不同 CPU 核的并行。在这里，选择默认的串行，即单机计算。

第 4 个 Tab 页面可以定义初场文件。在 CFX – Pre 中已经定义了初场为自动设置，在 CFX – Solver Manager 中可以通过选择初场文件，将 .def 中定义的初场覆盖。对同一套网格，改变了计算条件后，如果用一个类似计算条件的结果做初场，就可以更容易获得收敛的结果。这里设置的初场文件，就是起到这个作用的。如果初场文件和 .def 文件的网格不一致，可以设置将初场文件的计算结果值插值到 .def 文件的网格上。

其他用默认设置。单击 Start Run 按钮，启动计算过程。

78

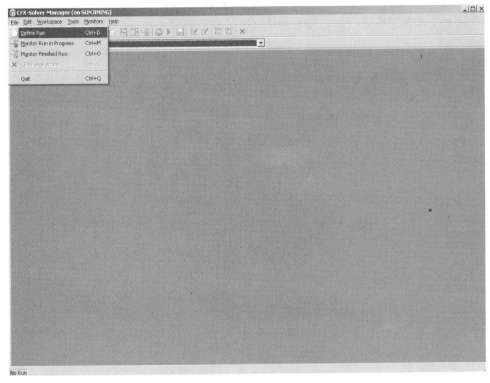

图 3.109　启动求解过程界面

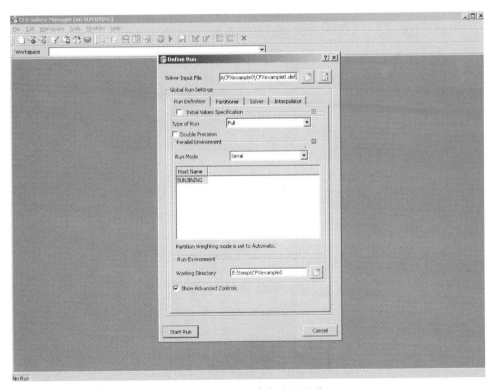

图 3.110　启动求解过程设置

此时,CFX – Solver 开始读入 .def 文件中的设置,并反馈到 Solver Manager 的文本信息区。这些文本信息可以帮助使用者确认这次计算的设置是否正确,如图 3.111 所示。

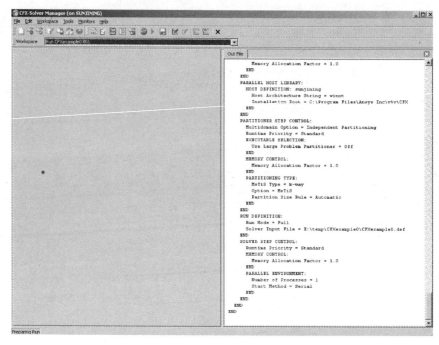

图 3.111　读入 .def 文件中设置

接着,CFX – Solver 读入网格信息,并将网格信息反馈到 CFX – Solver Manager 的文本信息区。我们看到这里显示了各个求解域的节点数、单元数,如图 3.112 所示。

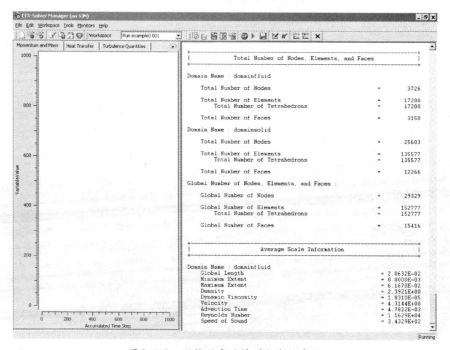

图 3.112　网格信息反馈到文本信息区

接着会显示待求解的微分方程。如图 3.113 所示，一共求解了 8 个微分方程，每个微分方程在各自区域内求解。例如 T – Energy 在 domainsolid 内求解，U – Mom 在 domainfluid 内求解。随着求解过程进行，在 CFX Solver Manager 左侧以图形方式显示每一步的收敛残差，连成曲线则称为收敛曲线。同时，右侧也将以文本信息的方式，将每一步的残差显示出来。

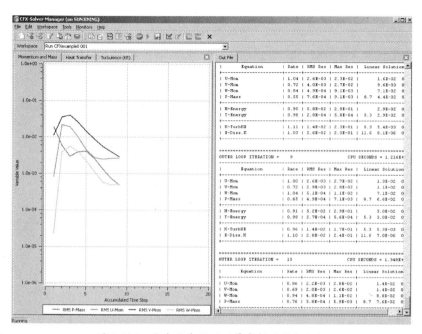

图 3.113　文本信息区显示待求解的微分方程

图 3.114 是计算结束的状态。

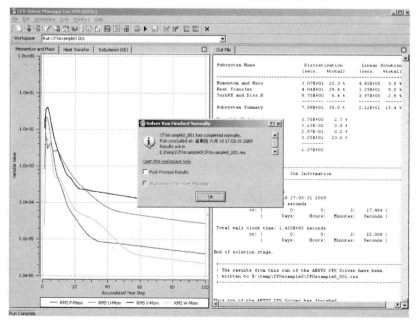

图 3.114　计算结束界面

回忆一下,在 CFX – Pre 中设置的收敛条件是什么? 最大迭代步数 100 步,残差目标 $1e-5$。虽然现在残差还大于 $1e-5$,但由于最大迭代步数 100 步已经到了,所以计算结束。

这里的文本信息区有大量的统计数据,可以查看收敛是否充分。读者可以自行研究,本书不再深入讨论。

3.6   后处理

下面进入 CFX – Post 对计算结果文件做后处理,获得真正有用的信息,如温度分布云图、流量等。

3.6.1   导入结果文件

在 CFX – Launcher 中单击 CFX – Post 按钮,打开 CFX – Post。

首先将计算结果文件载入进来。单击 File→Load Results,如图 3.115 所示。

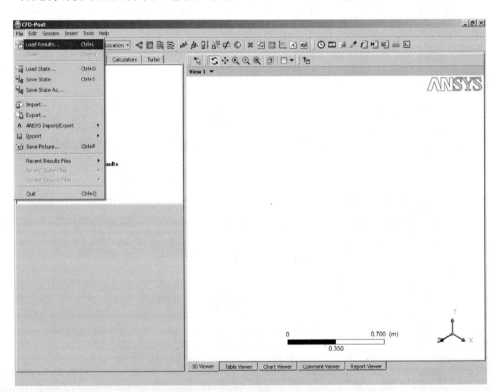

图 3.115   CFX – Post 中导入计算结果文件

在图 3.116 弹出对话框中,选择 example_001. res,单击 Open。

简单解释 CFX 求解结果文件的命名规律,. def 文件名 + _??? . res。??? 是从 001 到 999 排列。如果是第一次求解,CFX 会将结果文件命名为 001,如果修改了某个条件后,再次求解,CFX 会将结果文件命名为 002。所以不必担心重复求解会将原来的计算结果文件覆盖。有的读者可能会问,如果求解了 999 次,那么第 1000 次会怎么样? 如果一个问题要求解 999 次,那么我们应该赶快将自动编号的想法从头脑里驱除,并想其他办法对这

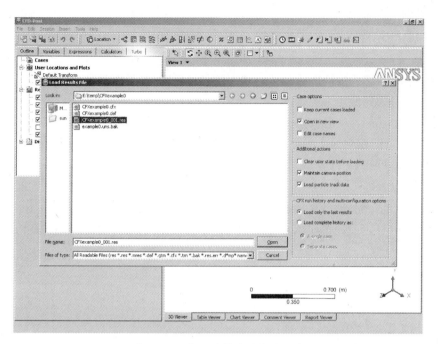

图 3.116　打开计算结果文件操作

些计算结果进行真正管理。第 1 天,可以记得 016 号和 017 号计算结果的差异是某一个边界条件不同,但到第 10 天,如果不断改变边界条件,已经计算到了 116 号和 117 号,很可能再也想不起来 016 号和 017 号计算条件的差异,因为已经不停地改变条件计算了 100 多次,早已经无法记清楚这 100 多次计算之间的细微差异了。

　　CFX – Post 载入计算结果后,会以线框的方式显示几何模型,如图 3.117 所示。

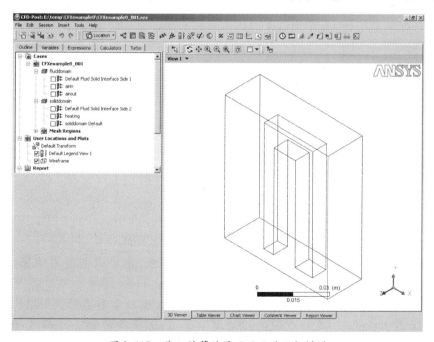

图 3.117　载入计算结果后显示的几何模型

3.6.2 创建切平面

一般地,显示结构内部的流动传热状态的各种云图、矢量图都是建立在切平面的基础上,所以先学习如何做切平面。

如图 3.118 所示,单击快捷按钮 Location,这里列出的都是几何量,点、线、平面、体、曲面等。选择 Plane,建立一个平面。这个平面实际上是一个切平面,即用一个理想平面对计算域做切割后得到的计算域剖面。

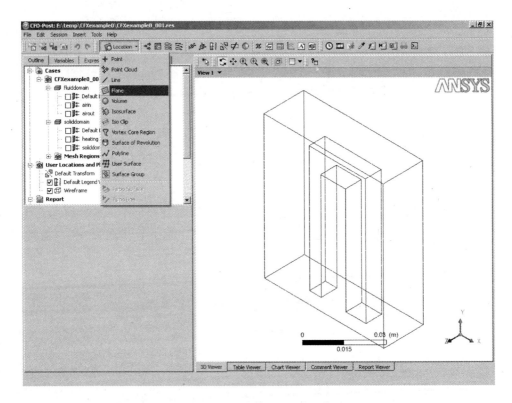

图 3.118　创建切平面的操作

图 3.119 的弹出对话框提示需要给切平面起一个名字。我们希望看到空气在整个通道中的流动状态,所以将建立一个和 XY 平面平行的切平面。命名为 XY plan,单击 OK。

在图 3.120 中,看到设置区出现了切平面设置信息。在 Domains 中可以选择理想平面对哪个 domain 做切割,选择默认的 ALL Domains。在 Method 中可以选择切平面的方向,我们选择 XY plane。接着的 Z 坐标,可以直接输入,也可以通过滑块拖动。输入0.004,后面的长度单位是 m,单击 Apply。

图 3.121 是建立的切平面。同时,在模型管理的 Object 标签页的树形结构中看到,多了一个节点 XY plan。该节点前的勾选表示可见,如果取消勾选,则可以隐藏该切平面。

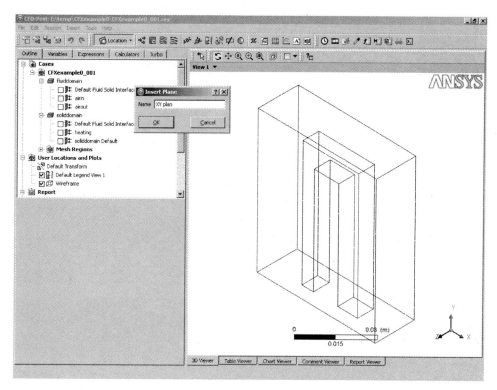

图 3.119　创建 XY plan 切平面

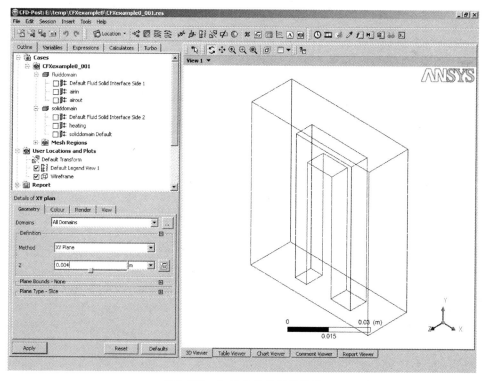

图 3.120　切平面信息设置界面

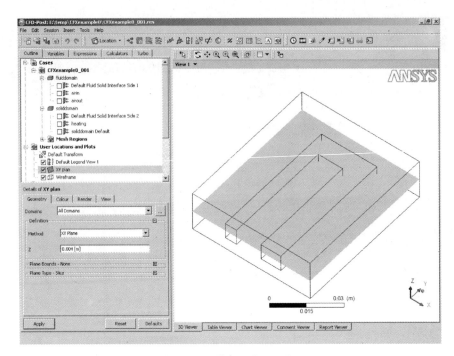

图 3.121　创建好的 XY plan

3.6.3　创建速度矢量图

接着,要在这个切平面上建立一个速度矢量图。在菜单中单击 Insert→Vector,如图 3.122 所示。

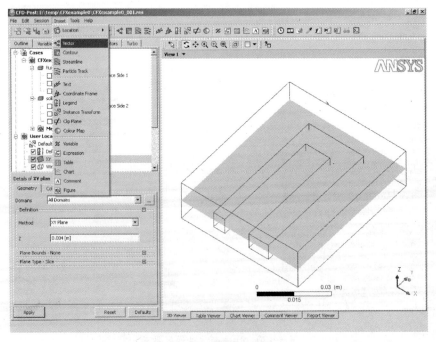

图 3.122　建立速度矢量图操作

在图 3.123 的弹出对话框中,给要建立的矢量图起个名字,XY Velocity,单击 OK。

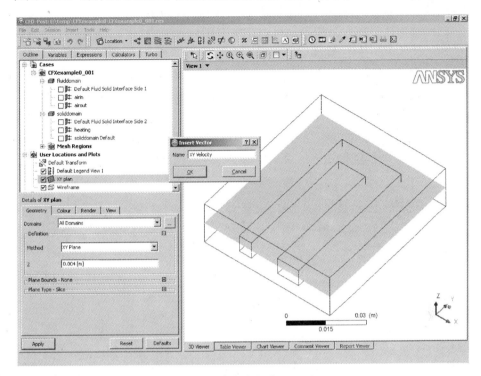

图 3.123　创建速度矢量 XY Velocity

在图 3.124 中,看到设置区出现了矢量图的设置面板。

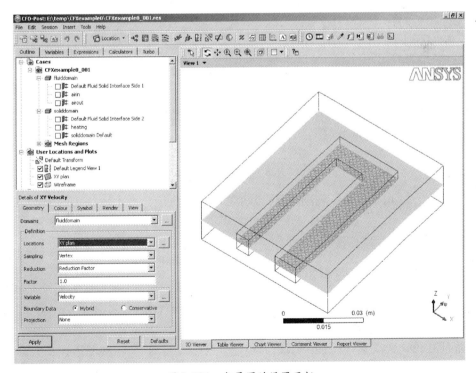

图 3.124　矢量图的设置面板

由于速度值只存在于流体域中,所以 Domains 选项中只选择 fluiddomain。Location 选择刚刚建立的切平面 XY plan。Variable 选择默认的 Velocity。提醒一下,矢量图不仅仅包括速度矢量图,只要有方向的量都可以用矢量图显示,如梯度、电场强度、磁感应强度等,其他都用默认值。单击 Apply。

在图 3.125 中可以看到两处变化。一处是图形区,在原图形上多了一个速度矢量图,另一处是 Object 树结构中多了一个名为 Velocity 的矢量节点。由于切平面 XY plan 和矢量图 Velocity 几何位置重合,所以在显示上相互有干扰。一般而言,切平面这类几何特征是辅助图形,矢量图这类流动传热特征是主显示图形,为了更好地观察流动传热特征,通常会隐藏切平面这样的辅助图形。可以单击 Object 树的 XY plan 节点前的勾选框,将 XY plan 隐藏。

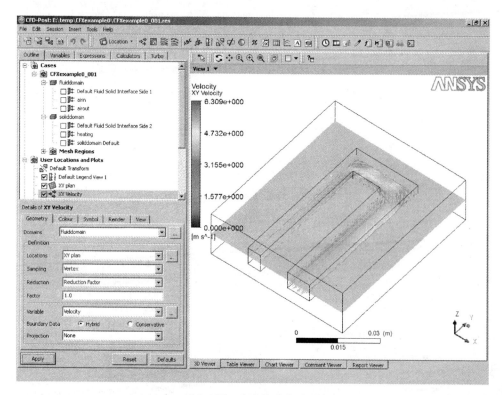

图 3.125　生成速度矢量图

图 3.126 中,由于隐藏了辅助面,可以清楚地观察流场。这个流场比较简单,在回转处一般会有一个小涡。这个整体图看不清时,可以放大。

通过放大图形,可以看到回转处存在一个涡,如图 3.127 所示。

3.6.4　创建温度场云图和等值线图

下面将学习如何创建云图和等值线图。云图和等值线图一般用来显示标量场。将在 XY plan 这个切平面上用云图的方式显示温度场。

如图 3.128 所示,将 Velocity 隐藏,避免建立好温度云图后,各种图形混在一起,看不清楚。

88

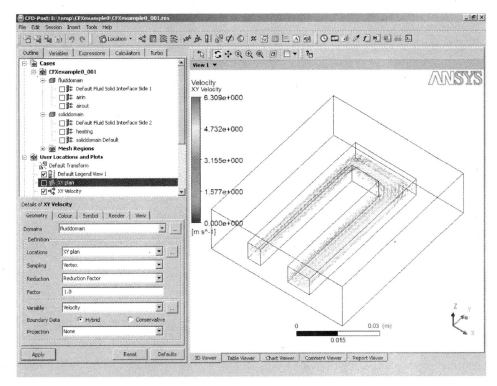

图 3.126 隐藏辅助面后的速度矢量图

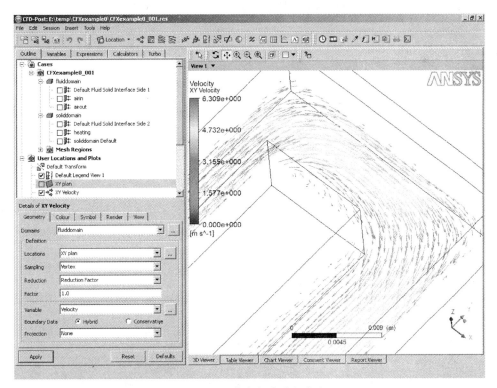

图 3.127 速度矢量图上的涡

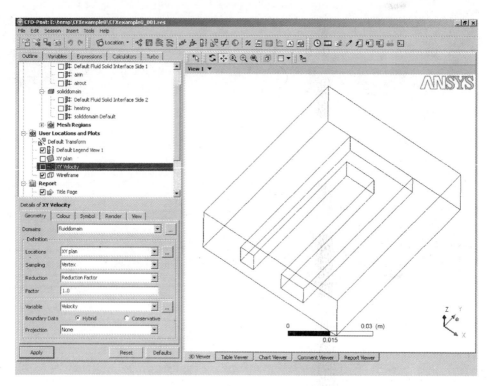

图 3.128　将 XY Velocity 隐藏

单击 Insert→Contour，如图 3.129 所示。

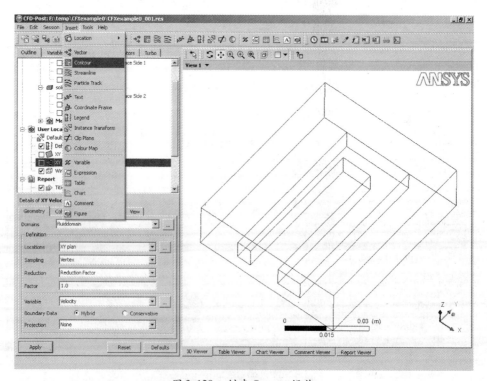

图 3.129　创建 Contour 操作

给新的 Contour 起个名字,XY temperature。单击 OK,如图 3. 130 所示。

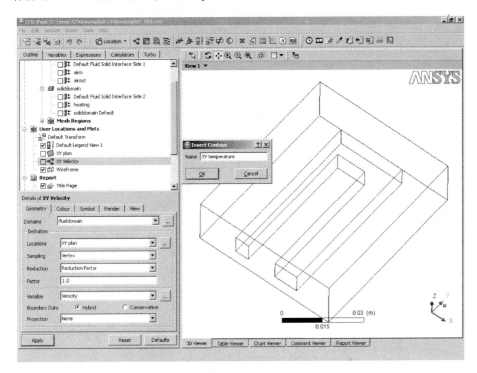

图 3. 130 创建 XY temperature 云图操作

现在图 3. 131 显示了 Contour 的设置面板。

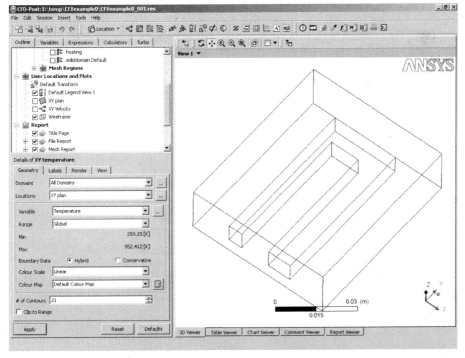

图 3. 131 Contour 的设置面板

Domain 选择全部域,可以显示全部切平面上的温度场。Location 选择 XY plan,Variable 选择 Temperature。将最下面的# of Contours 改为 21。这是云图显示的精度,将整个温度范围平均分成 20 份,一共有 21 个温度值,单击 Apply。

在图 3.132 中可以看到,在 XY plan 平面的位置,显示了温度场的云图。整个固体的温度比较均匀,温差较小,流体在入口处温度较低,随着流动过程,温度不断升高。在回转区主流处,外侧温度较高,内侧温度较低。通过温度场的分布可以看出,在回转处外侧壁的压力作用下,主流呈现出向内侧壁倾斜的趋势。这一点在第二个回转处也可以得到验证。

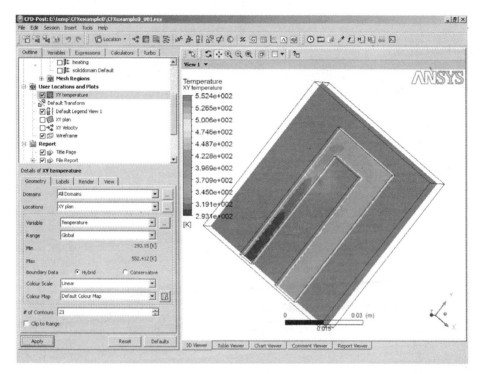

图 3.132　XY plan 平面温度场云图

等值线图也是常见的用于显示各种场量的分布图。其实云图和等值线图是类似的,唯一的差别就是等值线图只画出了某个值的连线,云图则将连线中填充了颜色。

如图 3.133 所示,在刚刚建立的云图 XY temperature 的设置面板中,单击 Render 标签,将 Show Counter Bands 前的勾选去掉,并保持 Show Contour Lines 前的勾选,单击 Apply,就可以看到现在看到的等值线图。

3.6.5　创建动画

大家都看过动画片、电影,也都知道人类显示的动画不过是将一连串的静态图片以比较快的速度播放。当速度足够快时,人的眼睛就被欺骗了,以为物体真的在动。在本书随书附带的光盘中,也看到很多显示流动传热过程的专业动画。动态影像避免了静态图像的想像过程,因此可以更直观地传达信息。流动传热过程的专业动画可以更直观地显示结构内部的流动传热状态。下面就学习如何用在 CFX – Post 中制作动画。

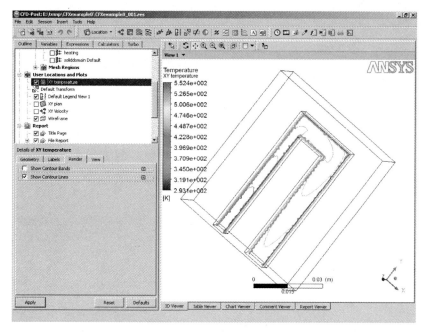

图 3.133　创建等值线图

以切平面扫描的方式,将结构内的温度场全面地展示出来,有助于对整个三维温度场建立立体概念。我们将制作一个简单的动画,显示这一扫描过程。扫描平面将垂直于入口、出口通道,从入口、出口平面开始,扫描到回转处。

首先需要建立一个切平面,该切平面平行于入口、出口平面,即 XZ 平面。该切平面的初始位置位于入口处,并在该平面上显示温度等值线图,如图 3.134 所示。

单击 Tools→Animation,如图 3.135 所示。

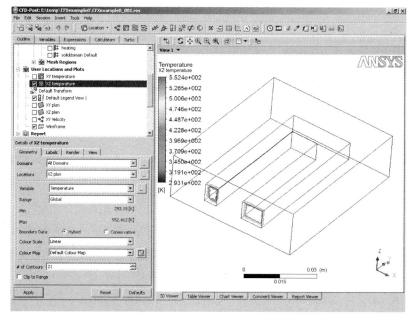

图 3.134　XZ 平面温度等值线图

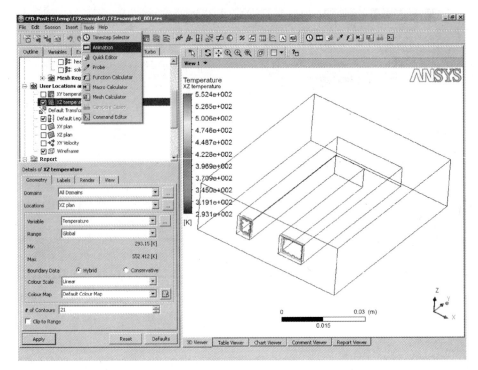

图 3.135　创建动画操作界面

　　图 3.136 中的弹出对话框就是制作动画的界面。就像制作 Flash 一样,在 CFX – post 的动画制作中也有关键帧和过渡帧的概念。现在就要将当前状态作为关键帧插入到这一图片

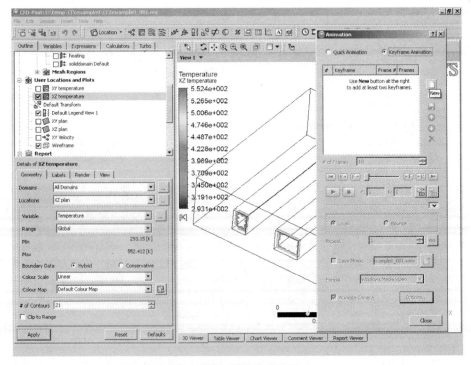

图 3.136　制作动画界面

序列中。单击右侧的 New 按钮,就可以将后处理器的当前状态插入为第一个关键帧。

在图 3.137 中看到,这时第一个关键帧已经插入到帧列表中。

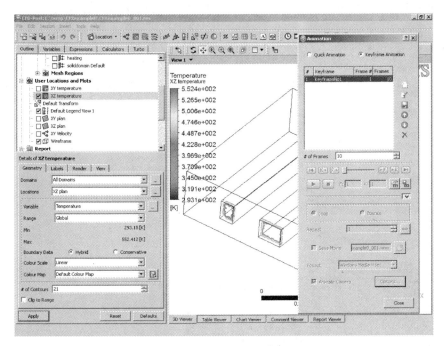

图 3.137　第一个关键帧插入到帧列表

接着将 XZ plan 的 Y 坐标拖动到回转通道的回转位置,单击 Apply,将切平面移动到回转通道顶部,如图 3.138 所示。

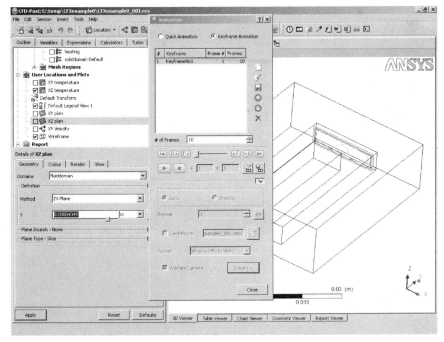

图 3.138　将 XZ plan 的 Y 坐标拖动到回转通道的回转位置

下一步将要把这个状态作为第二个关键帧插入。再次单击 New 按钮。如图 3.139 所示,已经有两个关键帧出现在列表中。第一个关键帧是整个动画的第一帧,两个关键帧之间的过渡帧有 10 个,所以我们看到,第二个关键帧是整个动画的第 12 帧。

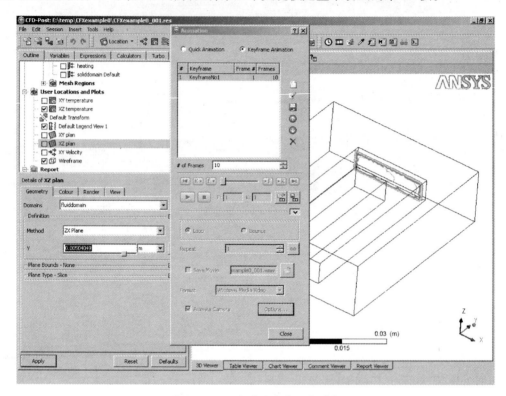

图 3.139　两个关键帧出现在列表

在动画设置面板的右下角有一个小箭头,点击后可以展开。在展开的部分,勾选 Save Movie,就可以将动画输出到一个动画文件中。

单击设置面板上的 Play 按钮,此时 CFX - Post 会从第一个关键帧开始,计算每一帧的图形,并顺序显示,同时将这一动画保存为一个动画文件。

此时在工作路径文件夹可以看到,一个 wmv 文件已经出现了,如图 3.140 所示。在随书光盘中可以看到制作的这一动画。

3.6.6　统计函数

除了分布的场量,还需要知道一些平均量或积分量,如平均速度、流量等。CFX 提供了大量的统计函数。如图 3.141 所示,单击 Tools→Function Calculator。

在图 3.142 的设置区出现了 Function Calculator 的设置参数。我们可以选择各种平均方式或积分方式。CFX - Post 提供的计算函数可以满足绝大多数工程计算的要求。例如选择 massflow,流量计算。

再选择一个几何位置 airin,如图 3.143 所示。

单击 Calculate 按钮,出口的质量流量就会在设置区的 Result 文本框内出现,如图 3.144 所示。

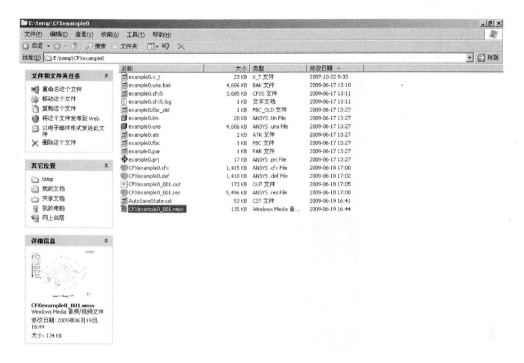

图 3.140　wmv 文件出现在工作路径文件夹

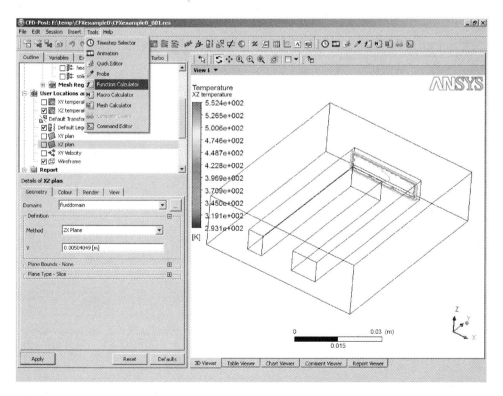

图 3.141　统计函数 Function Calculator 的操作界面

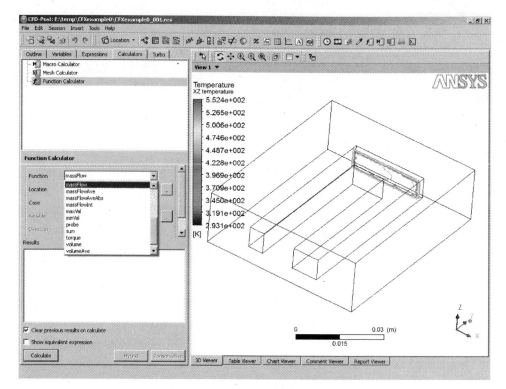

图 3.142　Function Calculator 的设置参数

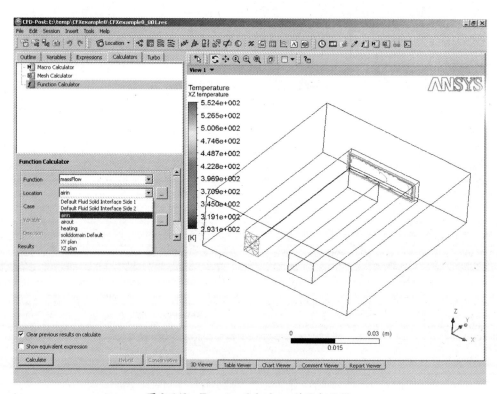

图 3.143　Function Calculator 的几何位置

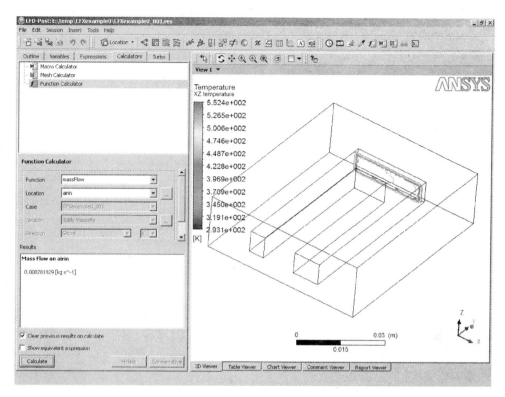

图 3.144　Function Calculator 的计算结果

再简单回顾一下后处理。我们学习了 5 个功能:①建立切平面;②建立速度矢量图;③建立温度云图和等值线图;④建立动画;⑤计算流量。这个例子展示出的是这 5 个功能的基本操作。大家可以试着去摸索如何建立速度云图,如何计算平均速度等类似功能。

通过本章学习,读者已经了解 CFX 软件包各模块的软件界面,了解叶片内冷通道计算的全过程,了解 CFX 软件包各模块的基本使用方法,了解 CFX 软件包各模块主要参数含义。通过课后实际操作练习文件,读者将能独立完成叶片内冷通道对流传热过程的计算。

第4章　边界层网格

众所周知,壁面边界层内的法向速度梯度大,温度梯度也大,壁面附近是流动阻力和热流的密集区域,是保证总体计算结果准确的关键区域。因此壁面附件的边界层网格对于对流传热过程至关重要。

对于前面学习的四面体网格,如果要在壁面法向划分出足够的网格数,则网格数量常常超出计算机的承受能力。如果网格数不够多,又无法精确辨认边界层内的大梯度,也就无法保证这一区域的计算精度。

为了解决这一矛盾,人们针对边界层的流动特征,提出了一种特殊网格形式,即三棱柱网格。由于三棱柱网格主要作用是和四面体网格相搭配,四面体网格应用于边界层外,三棱柱网格应用于边界层内,所以人们更愿意称之为边界层网格。边界层网格的生成方法是在已有四面体网格基础上,将壁面的三角形网格在壁面法向做拉伸,在不减小壁面的面网格尺度的情况下,在壁面的法向生成可以精确辨认边界层内物理量大梯度分布的三棱柱网格。

下面将讲解边界层网格的生成方法。

4.1　打开四面体网格

边界层网格需要在已有四面体网格的基础上形成。首先进入 ICEM,打开原 Project,example0. prj,如图 4.1 所示。

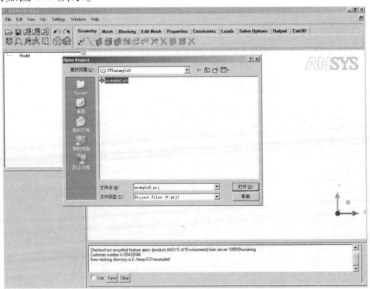

图 4.1　打开 example0. prj 的操作界面

图 4.2 是已有的四面体网格。

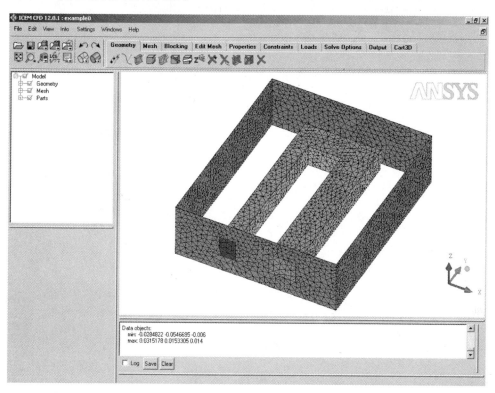

图 4.2　已有的四面体网格

4.2　生成边界层网格

下面开始在这个四面体网格基础上,生成边界层网格。我们将在流固交界面附近,流体域内生成边界层网格。

由于新生成的带有边界层网格的网格文件将会覆盖原网格文件,所以软件自动弹出一个对话框,提示将边界层网格的工作保存为另一个新的 Project,以保护原网格文件,如图 4.3 所示。

将边界层网格保存为 example1. prj。ICEM 会将 example0. prj 的全部设置复制到 example1. prj 中。

在工作菜单中,选择 Mesh 标签页,单击 Global Mesh Setup 按钮,并选择 Prism Meshing Parameters,如图 4.4 所示。

在设置界面中,有 4 个最关键的参数,Initial height、Height ratio、Number of layers、Total height。Initial height 指的是边界层网格壁面第一层网格高度;Height ratio 指的是相邻两层网格的外层网格和内层网格的壁面法向高度比,通常为 1. 1 ~ 1. 5;Number of layers 指的是一共生成几层网格,通常拉伸 3 层 ~ 5 层即可;Total height 指的是边界层网格的总高度。这 4 个值中,如果知道了其中的 3 个,就可以计算出第 4 个,所以只需要设置 3 个变量。这里有一个经验:为了保证边界层网格和内部体网格的质量,壁面拉伸的网格总高度

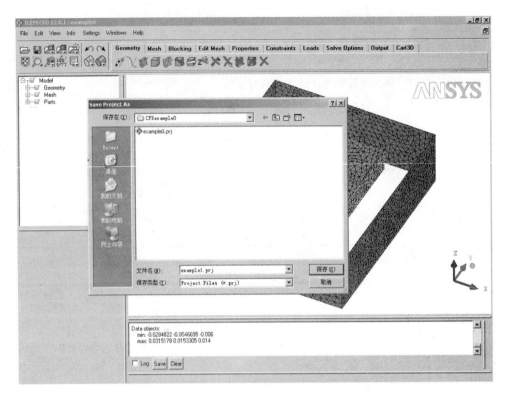

图 4.3　保存新的 Project

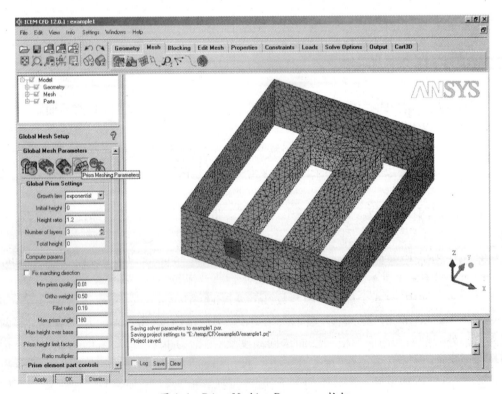

图 4.4　Prism Meshing Parameters 按钮

不要超过壁面网格尺度的 0.5 倍。

我们计划生成 3 层网格,相邻比为 1.2,总高度为 0.0005m(即 0.5mm)。将 1.2、3、0.0005 输入相应位置,并将 Initial height 中的数字删除,如图 4.5 所示。

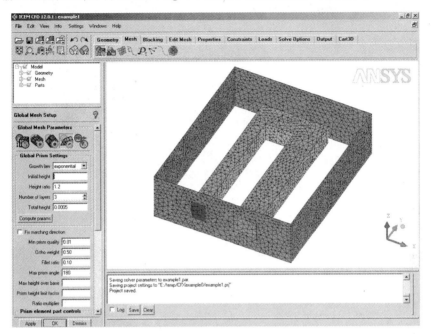

图 4.5　Prism Meshing Parameters 的设置界面

单击下面的 Compute Params 按钮,可计算出如图 4.6 所示的 Initial height 的值 0.000137363。

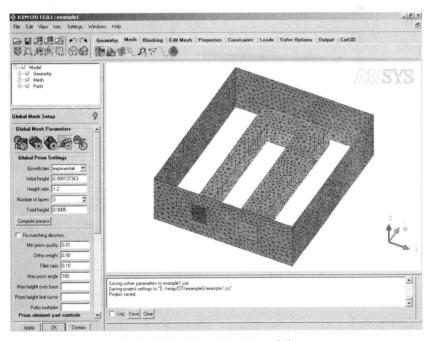

图 4.6　显示 Initial height 的值

接着选择 Mesh 标签页上最后一个 Compute Mesh 按钮,并选择 Prism Mesh,如图 4.7 所示。

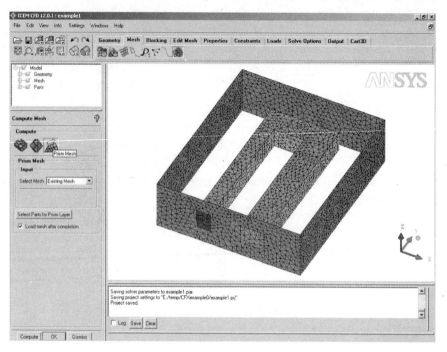

图 4.7　Compute Mesh 下的 Prism Mesh 按钮

下面选择在哪些面生成边界层网格。对一般的流动传热问题,只有无滑移壁面才需要生成边界层网格。单击 Select Parts for Prism Layer 按钮。

在图 4.8 的弹出对话框,ICEM 将所有的 Part 都显示出来。

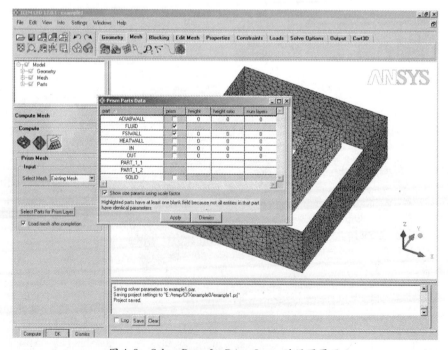

图 4.8　Select Parts for Prism Layer 的设置界面

边界层网格是以 part 为单位进行选取的,所以如果要生成边界层网格,就一定要在生成普通网格的 part 分组时就事先设计清楚,为需要生成边界层网格的壁面事先分成若干个独立的组。我们只需要在流固交界面生成边界层网格,所以在 FSIWALL 后面的 Prism 列的复选框上打勾。对于两个 body 的交界面,ICEM 默认两面都生成边界层网格。但固体边界通常不需要边界层网格。所以需要指定哪个区域需要拉伸边界层。在 Fluid 后面的 prism 列的复选框上打勾,表示这个区域要拉伸边界层,同时意味着其他没有打勾的区域不需要拉伸边界层网格。如果哪个区域都不打勾,ICEM 会默认所有的区域都拉伸。

其余参数不变,单击 Apply。然后单击 Dismiss 或右上角的叉号,退出该设置界面。再单击主界面设置区的 Compute 按钮,即可生成边界层网格。

生成边界层网格同样需要一定的时间,而且要求原网格的质量足够好。如果给 Prism 的原始四面体网格质量差,Prism 出来的质量更差。Prism 不会改善网格质量,只是增加边界层网格。而这种插入边界层网格的过程,通常会使边界处的网格质量变差。所以在生成边界层网格前,一定要检查原始网格的质量。

图 4.9 是生成好的边界层网格。FSIWALL 面网格没有变化,但和 FSIWALL 面相交的 in 和 out 两个面,则能看出边界层网格的样子。

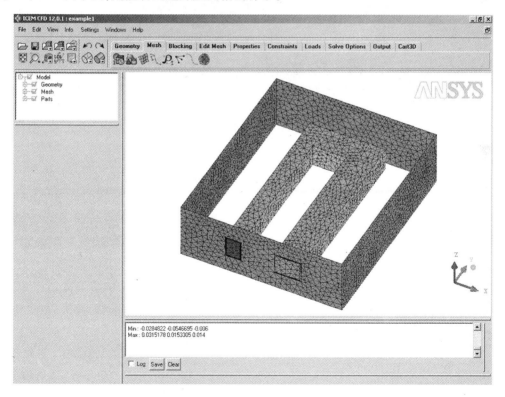

图 4.9　生成好的边界层网格

图 4.10 是放大后的情况。在入口和出口的壁面处,出现了 3 层纵横比很大的网格。从入口和出口面看,这是一条网格线拉出的四边形,如果从空间看,则是一个三角形面网格拉伸出的一个个三棱柱体网格。这些网格紧贴着壁面,在壁面法向上大大提高了分辨

速度场、温度场的大梯度的能力。有读者会问,不是说大纵横比的网格不好吗?其实这句话是有前提的,即各个方向的变化比较均匀时,大纵横比网格不好,会降低计算精度。但对于边界层内的流动,其流动特征是强烈各向异性。边界层网格的各向异性和流动特征相匹配,因此不会降低计算精度。

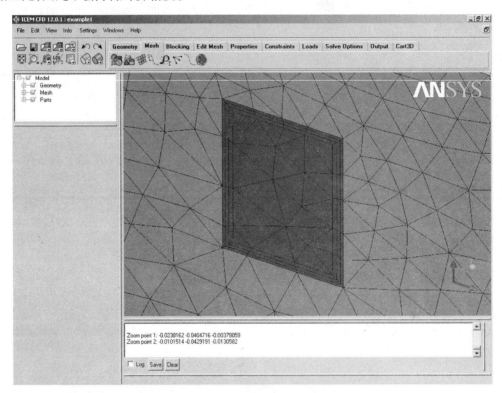

图 4.10 放大后的边界层网格

4.3 在 CFX – Pre 中替换网格

网格生成完毕,下一步是将网格导入 CFX – Pre,并设置好同样的边界条件和求解条件。最容易想到的方式就是将所有的边界条件和求解条件重新设置一遍。这种仅仅改动网格,不改变物理问题的设置,有一些简便的技巧。我们来看看其中的一个技巧。我们在 CFX – Pre 中将 example0. cfx 打开,单击 File→Save case as,将 example0. cfx 另存为 example1. cfx,如图 4.11 所示。

打开 Mesh 节点,右键单击 example0. cfx5,选择 Delete Mesh,删除现有网格,如图 4.12 所示。

然后右键单击 Mesh→Import Mesh→ICEM CFD,如图 4.13 所示。

在弹出的对话框中选择 example1. cfx5,将新生成的带有边界层网格的网格文件导入,如图 4.14 所示。

图 4.15 中可见,导入新网格后,原有的入口、出口边界条件自动设置到了新网格上。

图 4.16 是放大了的入口和出口,可以清楚地看到边界层网格。

106

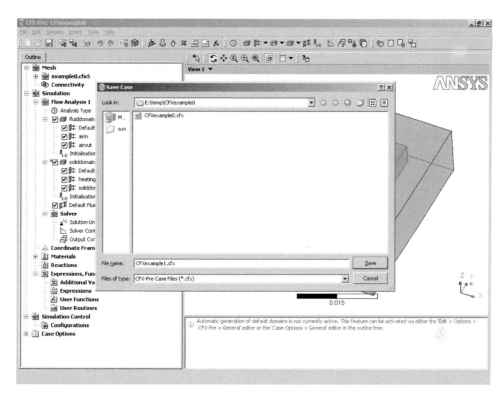

图 4.11 将 example0. cfx 另存为 example1. cfx

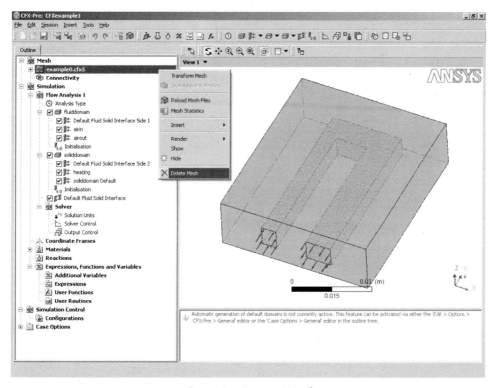

图 4.12 Delete Mesh 操作

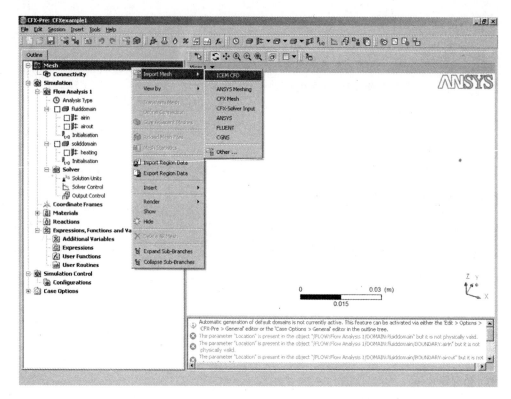

图 4.13　导入新网格操作界面

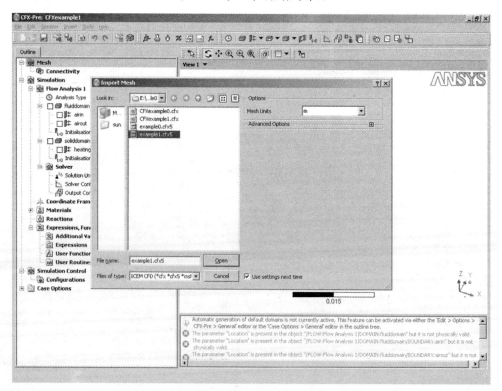

图 4.14　导入新的网格文件

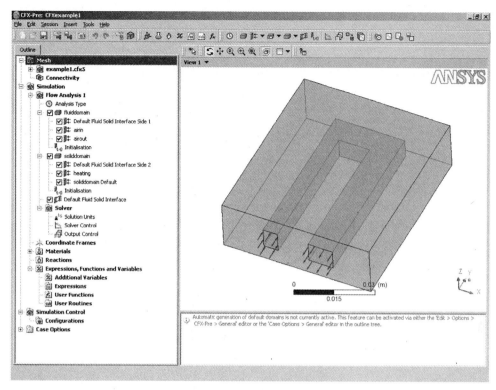

图 4.15　导入新网格后的设置情况

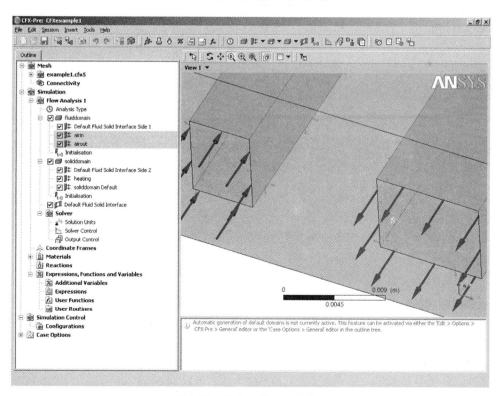

图 4.16　放大后的入口和出口

这是由于,CFX - Pre 的边界条件、计算域的设置是通过 part 名字和网格相关联的。由于在 ICEM 中,没有改变 part 的命名,所以将新网格导入后,CFX - pre 自动将原来的边界条件等设置根据 part 的名字对应到了网格上。对于复杂问题,充分利用 CFX 的这一特征,会带来很大的使用便利。

总结下步骤如下。①将计算设置参数和网格写入到一个 . def 文件中;②在 CFX - launcher 中启动 CFX - solver manager;③在 CFX - solver manager 中启动一个新的计算过程。这 3 个操作在 CFX - Pre 中实际可以一气呵成。

在 CFX - Pre 快捷按钮区中,单击从右侧倒数第 4 个快捷按钮 Define Run,如图 4.17 所示。

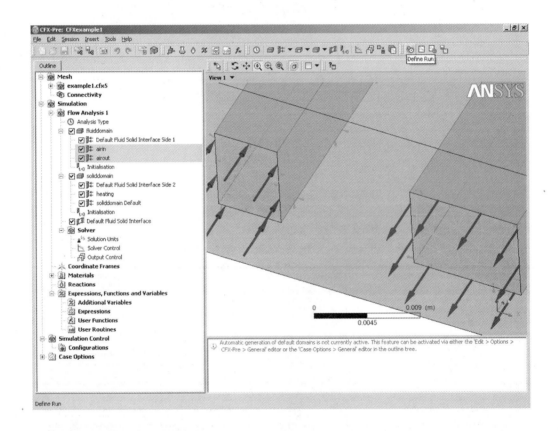

图 4.17　Define Run 按钮

如图 4.18 所示,单击后会出现已经熟悉的 Write Solver Input File 对话框。输入 CFX example1. def,单击 Save。

这时,CFX Solver Manager 会自动启动,并将相应的 . def 文件显示在 Solver Input File 位置,如图 4.19 所示。

CFX 通过一个按钮将这 3 个动作一起完成。最初之所以没有让读者这样操作,是希望让大家学习一个最 general 的操作,再理解 CFX 其他的组合操作就比较容易。

110

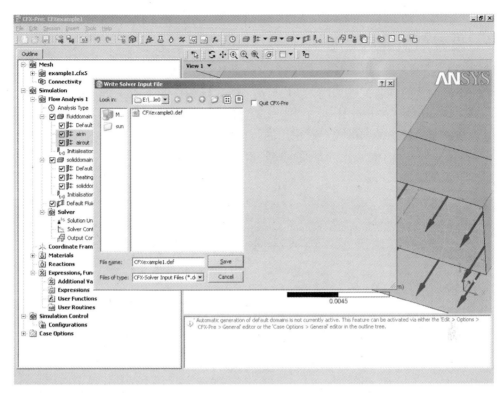

图 4.18 保存 CFXexample1. def

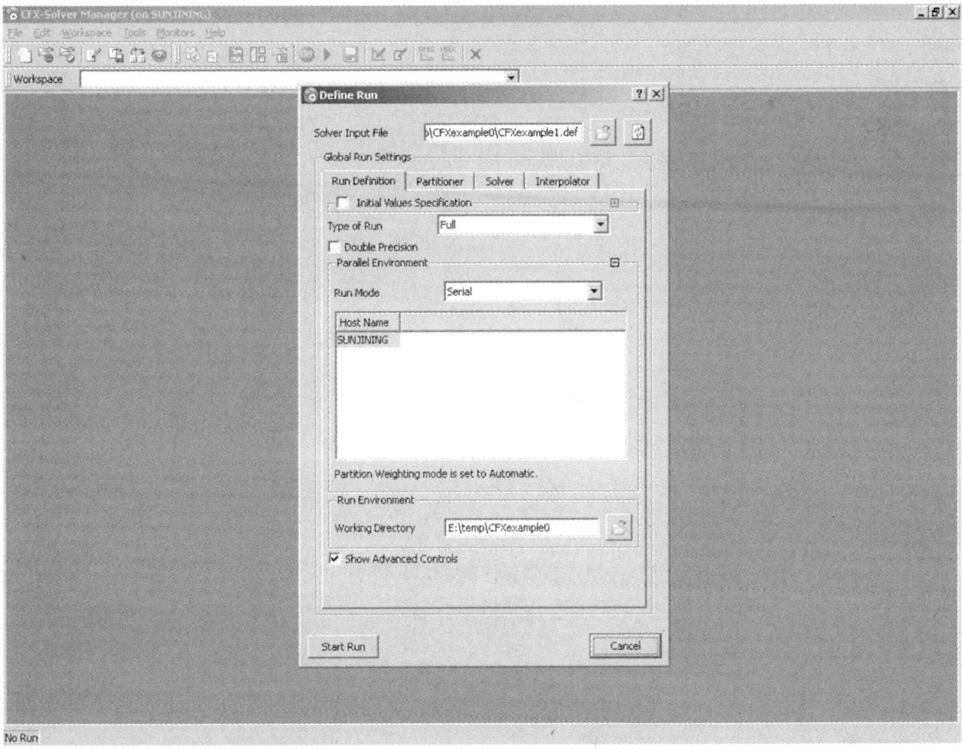

图 4.19 . def 文件显示在 Solver Input File 位置

4.4 设置单机并行计算

在 CFX 为我们准备好的如图 4.19 所示的界面上单击 Start Run,就可以开始计算了。

如图 4.20 所示,在 Run Mode 中,选择 HP MPI Local Parallel。这是一种 SMP 方法,几个 CPU 核共享一块主板上的内存时采用的并行模式。这种模式不需要做任何特殊设置,使用很方便。如果是 DMP,则需要做一些计算机之间的通信配置,感兴趣的读者可以自己学习 CFX 的帮助文件。

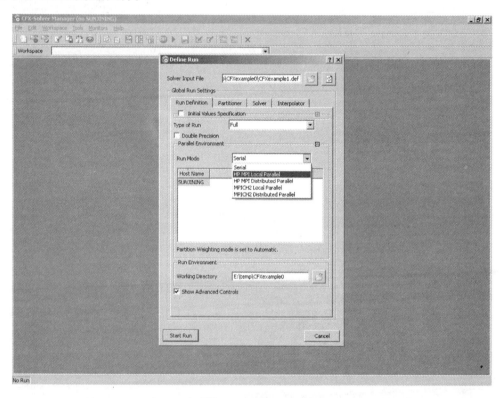

图 4.20　Run Mode 中 HP MPI Local Parallel 模式

图 4.21 中的 Host Name 列表中有一个 SUNJINING,这是我们操作的计算机的名字,Partitions 表示要用多少个 CPU 核的并行。单击右侧的 + 、- 号,可以增加或减少使用的 CPU 核的个数。我们做例子时的计算机是一个双核的计算机,所以增加到 2 就可以了。

通过图 4.22 中的文本信息,可以看出串行计算和并行计算的区别。在双 CPU 核的并行计算中,CFX - solver 会将整个计算模型分成 2 部分,每个 CPU 核承担一部分的计算。

图 4.23 是 100 步的收敛曲线。由于边界层网格提高了分辨精度,同样的 100 步,计算结果的收敛性更好了。

下面操作如下。①退出 CFX - Solver Manager;②单击 CFX - Launcher 的 CFX - Post;

112

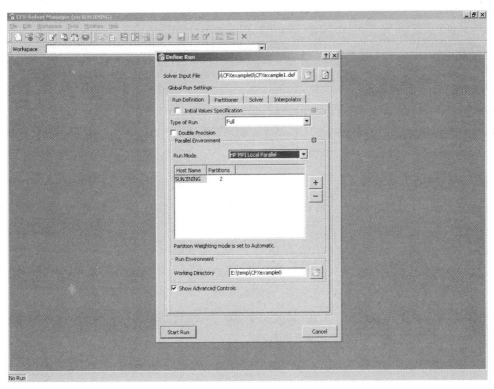

图 4.21 CPU 核的并行的选择

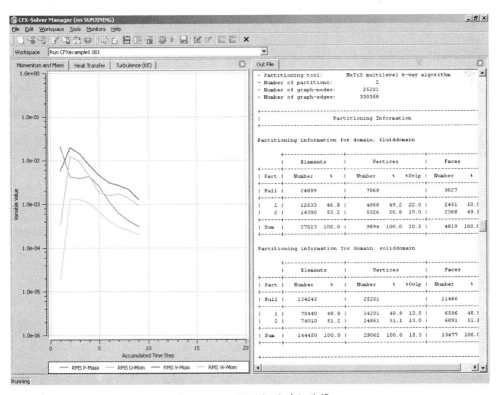

图 4.22 双 CPU 核的并行计算

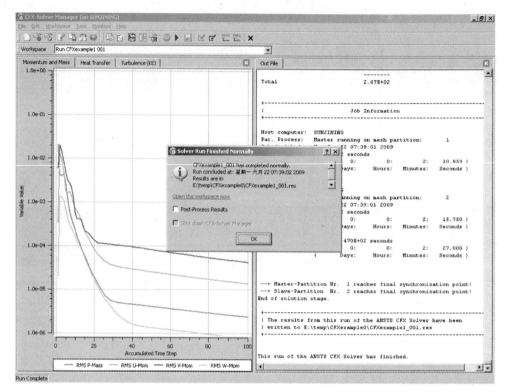

图 4.23 100 步的收敛曲线

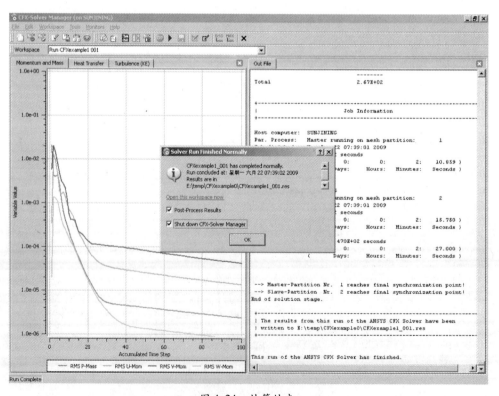

图 4.24 计算结果

③启动 CFX – Post;④载入计算结果文件。这些 4 步操作在 CFX 中也可以单击快捷按钮中的 Post→Process Results 一气呵成。如图 4.24 所示,将 Post→Process Results 和 Shut Down CFX – Solver Manager 前面的复选框选中,并单击 OK,就可以等待 CFX 自动顺序完成这 4 步操作。

4.5　对比有、无边界层的计算结果

图 4.25 是在 CFX – Post 中显示的有边界层网格计算结果的速度矢量图。

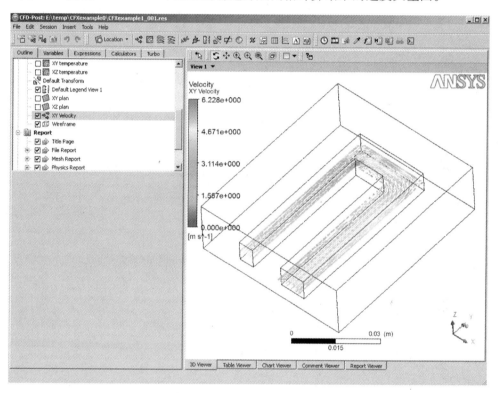

图 4.25　边界层网格计算结果的速度矢量图

图 4.26 是回转区的放大。可以很清晰地看到回转区的涡。这比没有边界层网格时的分辨精度要高得多。

对比一下无边界层时的计算结果,图 4.27 是最初没有边界层网格时的速度矢量图。

图 4.28 是有边界层网格时的温度云图。

对比一下图 4.29 的没有边界层网格时的温度云图。可以看出,没有边界层网格的云图在壁面处参差不齐。

同样,也可以制作一个动画文件,光盘中有相应的动画文件,动画中的温度分布等值线图也相对光滑。

至于流量这样的定量参数,由于两个计算的网格都比较粗糙,而且都没有充分收敛,所以很难对比定量参数的精度。

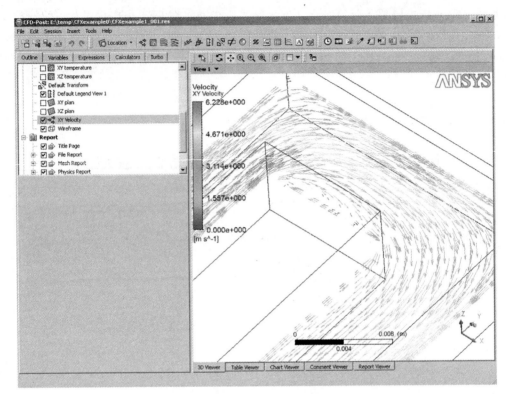

图 4.26　回转区速度矢量图的放大

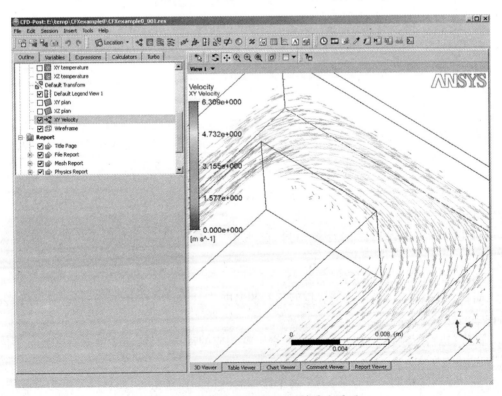

图 4.27　没有边界层网格时的速度矢量图

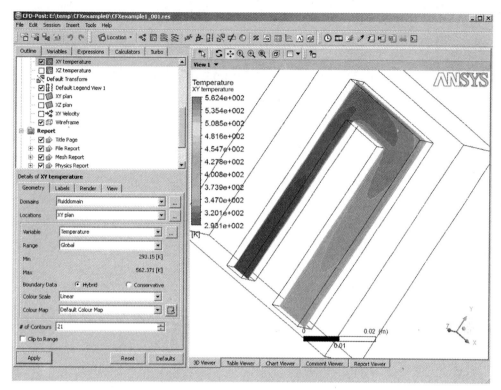

图 4.28　有边界层网格时的温度云图

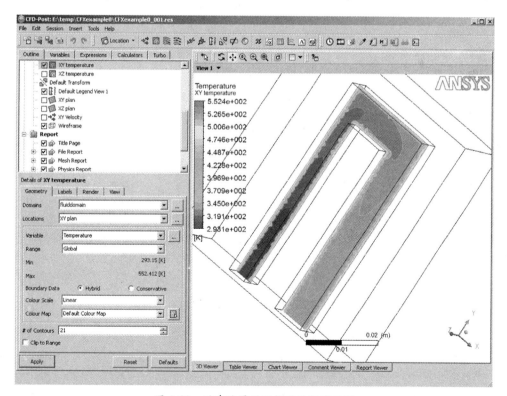

图 4.29　没有边界层网格时的温度云图

第5章 六面体网格

前面章节全部的计算都是以四面体网格为基础的。通常认为,相比四面体网格,六面体网格在计算速度、收敛性方面都具有一定的优势。所以划分六面体网格是对流传热计算专业人员必不可少的技能。

本节将在前面叶片简单内冷通道计算的基础上,用六面体网格重新对该问题进行计算,以讲解基本的六面体网格生成过程。并讲解一个圆弧回转通道的拓扑划分技巧,以增强读者对六面体网格生成过程的印象。

本节有3个例子,第一个是我们原来做过的矩形截面直角回转通道,第二个是将直角回转变为圆弧回转,第三个是将矩形截面变为圆形截面。本节会详细讲解前2个例子,第3个例子读者可自行研究,琢磨 ICEM 一些其他功能。这些没讲过的功能从思路上来说和原来讲过的功能是同源的,但没有讲过做法和例子。

5.1 矩形截面直角回转通道

图5.1 显示的模型大家已经很熟悉了。

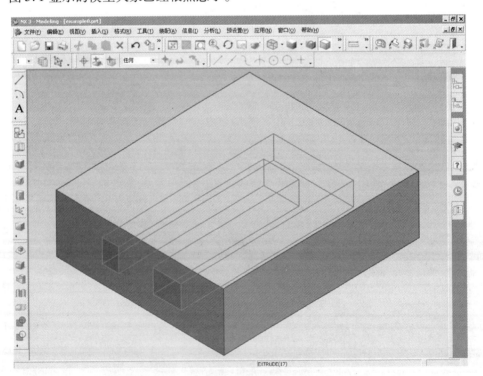

图5.1 矩形截面直角回转通道模型

118

图 5.2 是已经生成的网格。

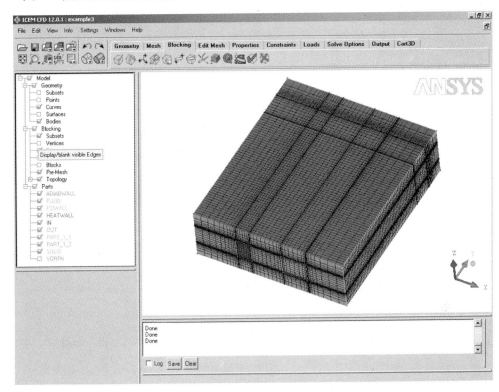

图 5.2　已经生成的网格

下面来看看如何生成这类网格。

打开 ICEM,改变工作路径,工作路径改成 E:\temp\Example3。每次都重复这些,以便帮助各位读者养成良好的工作习惯。

事先将 example0 的 tin 文件改名为 example3. tin,放到工作路径下。

接着新建 project,命名为 example3. prj。

现在准备好了工作环境,准备进入工作。

如图 5.3 所示,打开 tin 文件。由于 tin 文件是 icem 自身的格式,所以不需要 import,而是 open。Icem 的 tin 文件不但有几何信息,还包含分组命名信息。这和 import 是不一样的,Import 只能导入几何信息。

打开准备好的 tin 文件后,如图 5.4 所示,原来做的分组现在都在。

做六面体网格,用到的不是 Mesh,而是 Blocking。如图 5.5 所示,单击 Blocking 标签页的第一个图标,Creat Block。

下面来讲 3 个基本概念:分块结构化网格、块拓扑和映射。

5.1.1　分块结构化网格、块拓扑和映射的基本概念

在 ICEM 中的六面体网格,学术上叫做分块结构化网格。知道结构化网格和非结构化网格。结构化网格是人们最初使用的网格体系,基于笛卡儿直角坐标。但表达斜线或曲线时只能用锯齿网格替代,精度低。后来人们在曲线坐标系发展了结构化贴体网格,用

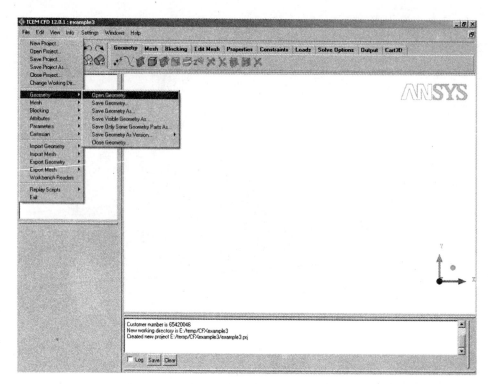

图 5.3　打开几何体操作

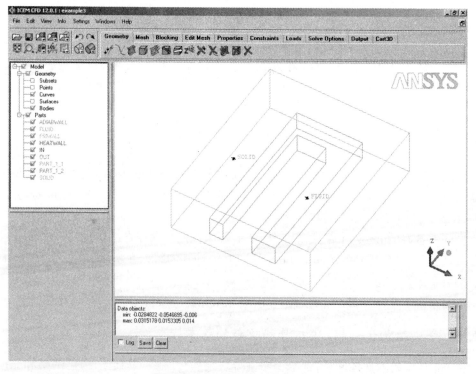

图 5.4　几何体导入后的分组情况

于表达曲线边界,如图 5.6 所示。

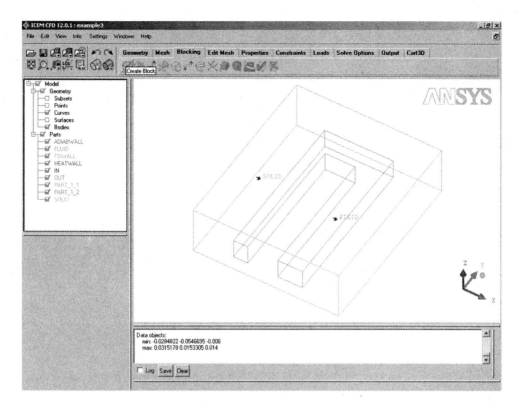

图 5.5　ICEM CFD 的 Creat Block 按钮

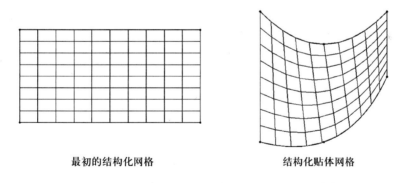

最初的结构化网格　　　　　　　　　　　结构化贴体网格

图 5.6　网格的发展

　　但对于复杂外形,如图 5.7 所示的 T 型通道,由于其边界无法用单独一个曲线坐标系表达,所以用贴体结构化网格也很难表达其曲线边界。

　　为解决这一问题,人们发展了分块方法,将整个复杂空间分成若干小块,每块都是一个比较简单的六面体,如图 5.8 所示。称这些块为网格块。

　　然后在每个网格块内用贴体坐标划分结构化网格,如图 5.9 所示。这种组合网格就叫做分块结构化网格。

　　再来看看块拓扑和映射的概念。图 5.10 中这样的一个复杂结构,应该怎样划分块呢? 用刚才的 T 型通道分块方法能否成功划分网格呢?

图 5.7　复杂的 T 型通道边界

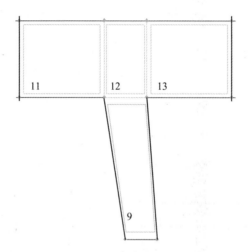

图 5.8　将复杂空间分块

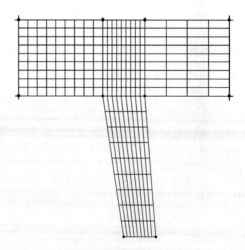

图 5.9　分块结构化网格

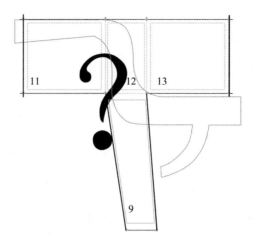

图 5.10　将复杂空间分块

我们来尝试一下。首先将 T 型通道的网格块做一些变形,使各个块的顶点和相应的几何点相重合,如图 5.11 所示。

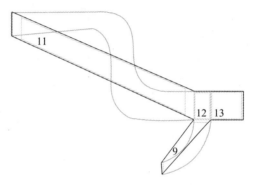

图 5.11　将 T 型通道的网格块变形

然后划分网格,如图 5.12 所示。由于网格块的边都是直线,所以生成的网格和我们的几何结构差别较大。我们进一步设想一下,如果能将网格的边变形一下,使之和几何结构的边重合,是否可以生成符合贴体要求的网格呢?

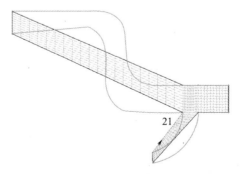

图 5.12　变形后划分网格

图 5.13 是我们将网格块的边和几何边界的边重合后的网格。

这种调整网格块的几何元素(顶点、边和面)同几何边界的几何元素(顶点、边和面)

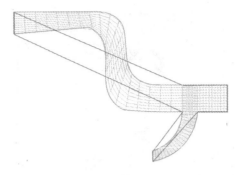

图 5.13 将边和几何边界的边重合后的网格

相互对应的方法称为映射。通过映射产生网格贴体变形,我们可以使一套网格块适应多种几何。这使得网格块重用成为可能(注:这个概念似乎源于数学上的坐标变换,将一个坐标系转换为另一个坐标系的过程也称为映射)。

5.1.2 创建块拓扑

在 ICEM 软件中,显然,block 就是网格块。这个几何的拓扑结构很容易想象,就是由若干个方块组成,如图 5.14 所示。

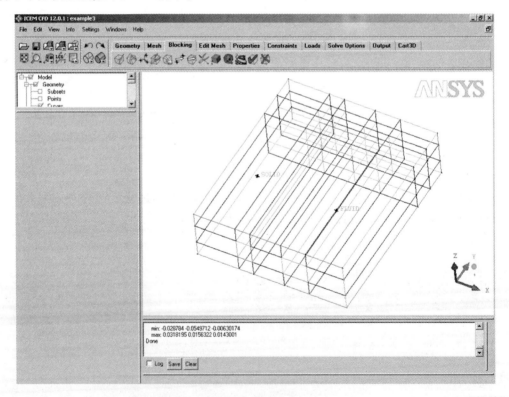

图 5.14 构成几何结构的若干个方块

下面来看看如何生成这样的拓扑结构。在 ICEM 中,要生成块的拓扑结构,首先要根据几何体构造一个或多个大的块,然后将这一个或多个大块做手工分割或拼接,形成若干小块。这些小块之间的连接关系就是我们所说的块拓扑结构。然后将这些小块和几何空间对应起来，也就是定义映射，几何空间也就被虚拟地分为具有相同拓扑结构的小块。如果几何形状做了一定的修改，例如孔变大了，边变长了，只要拓扑结构没变，在 ICEM 中只要重新定义一下映射关系，就可以方便地重新生成网格。以上就是 ICEM 做六面体网格的基本思想。

首先生成一个大块。ICEM 有多个生成初始块的方法。采用几何实体法，即选中一个几何实体，ICEM 自动生成一个可以容纳该实体的最小的块，如图 5.15 所示。

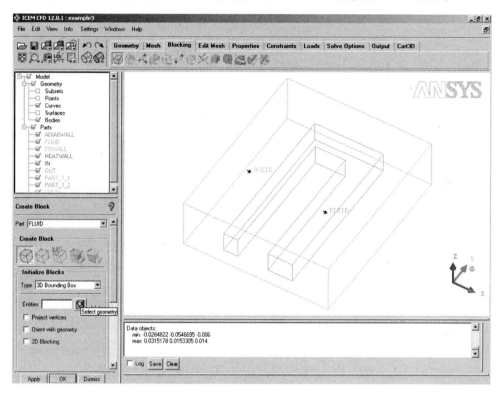

图 5.15　Create Block 的选择界面

框选整个几何体，中键确认后，ICEM 就自动生成一个包容整个几何体的 Block，如图 5.16 所示。

这时的 Block 和几何线重合，但在 8 个角处可以看到一些不同，如图 5.17 所示。把实体树中新出现的 Block 节点打开。可以看到，Block 由 Vertix（Block 的顶点）、Edge（Block 的边）、Face（Block 的面）、Block（块本体）组成。还有一个用于生成网格的 Premesh 节点。

把几何体隐去，如图 5.18 所示，余下的就是 Block 的边。

将几何线显示出来，并将根据几何线的位置，分割这个大块。单击标签页第二个功能按钮，分割块，如图 5.19 所示。

ICEM 有多种分割方法。选择第一种，也是最常用的方法——劈分，如图 5.20 所示。

劈分网格是对网格边操作。单击选择 Edge 按钮，如图 5.21 所示。

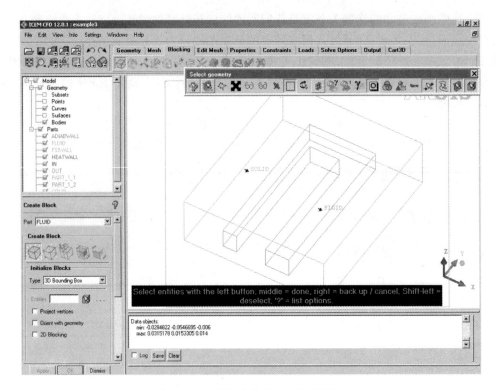

图 5.16 生成包容整个几何体的 Block

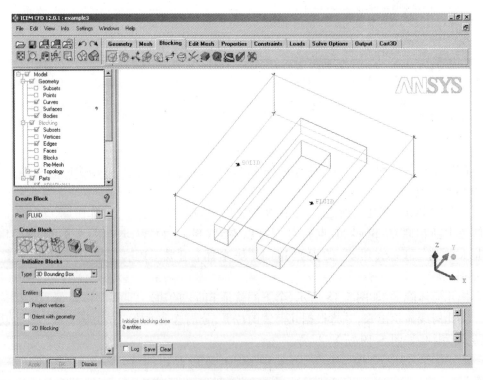

图 5.17 实体树中新出现的 Block 节点

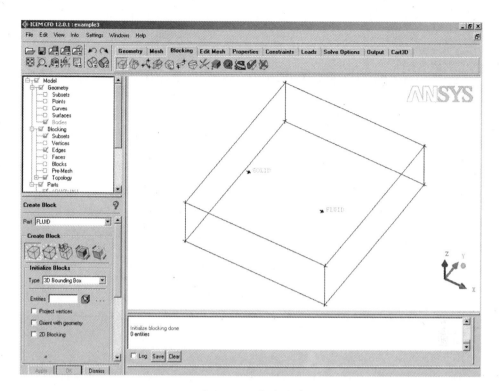

图 5.18　几何体隐藏

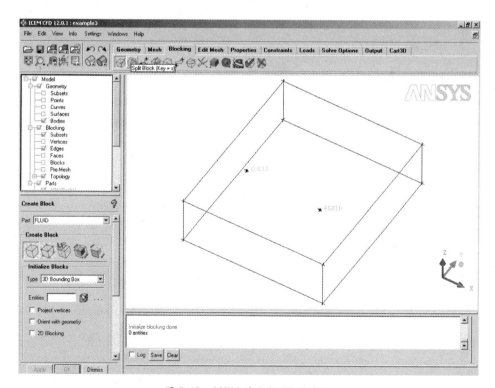

图 5.19　ICEM 的 Split Block 按钮

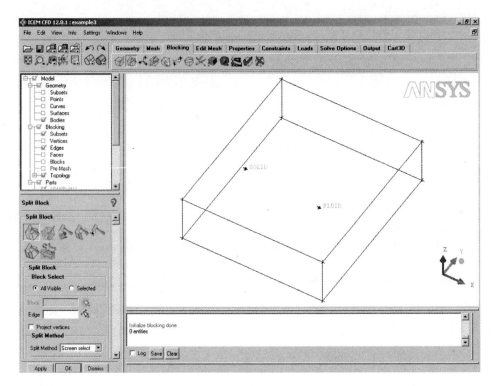

图 5.20　ICEM 常用的分割方法

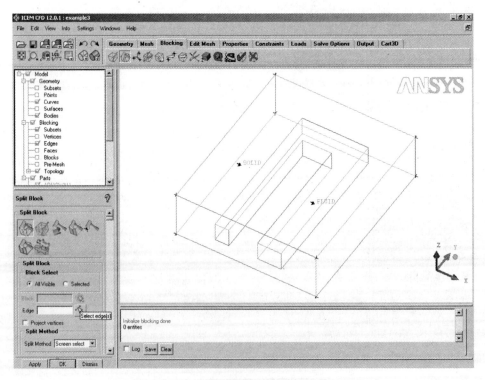

图 5.21　劈分网格选择 Edge 操作

图 5.22 给出了系统提示,左键选择,右键取消,中键没有标明,但 ICEM 所有操作都是默认中键 done(确认)。

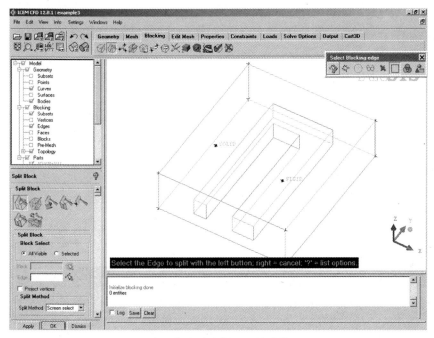

图 5.22　系统提示三键功能

左键选择一个边。图 5.23 给出系统提示,选择一个劈分的位置,大致在通道一个面的位置上单击左键。

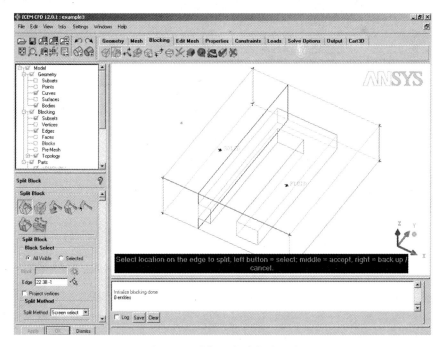

图 5.23　选择一个劈分的位置

如图 5.24 所示,一个大 Block 已经被劈分成两个小 Block。提示显示,现在 ICEM 又在等待再次劈分。

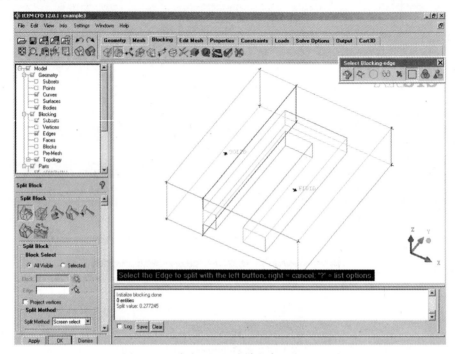

图 5.24　一个大 Block 被劈分成两个小 Block

在 X 轴方向将两个通道都劈分出来。如图 5.25 所示,一共 4 刀,X 轴方向劈分完毕。

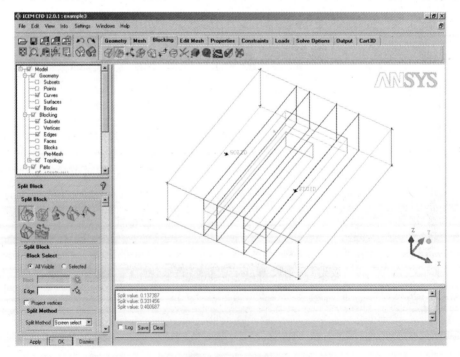

图 5.25　X 轴方向劈分完毕

换一个角度,劈分 Y 轴方向。如图 5.26 所示,一共两刀,Y 轴方向劈分完毕。

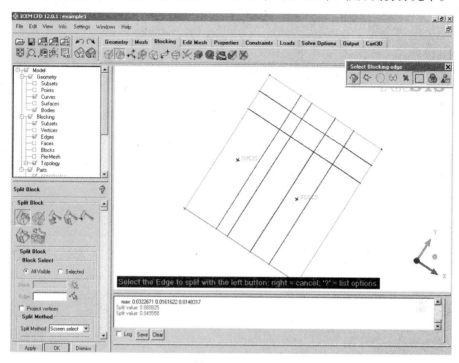

图 5.26　Y 轴方向劈分完毕

换一个角度,劈分 Z 轴方向。如图 5.27 所示,一共两刀,Z 轴方向劈分完毕。

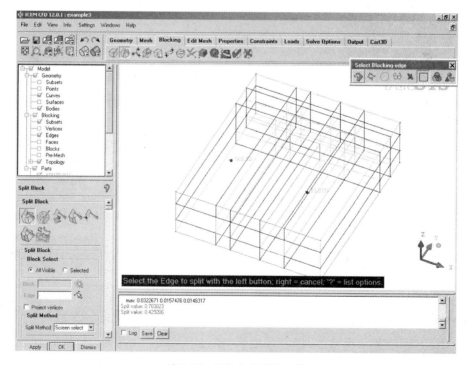

图 5.27　Z 轴方向劈分完毕

至此,整个 Block 全部劈分完毕。此时块拓扑已经完成。

5.1.3　块特征(顶点、边)和几何特征(点、曲线)映射

如果现在划分网格,这些块是不是满足我们的要求呢?我们的要求是:这些块所定义的网格空间是和我们的几何体一致。

看起来是差不多的,看入口处的 4 个边和入口边几乎是重合的。这样划分的网格,应该也是几乎重合的。但几乎重合不是我们想要的,我们希望的是完全重合。这样才能说网格代表了几何体。

图 5.28 是入口处的放大图。可以看到,还是有较大误差的。毕竟是手工完成的对齐工作,没法完全对齐。

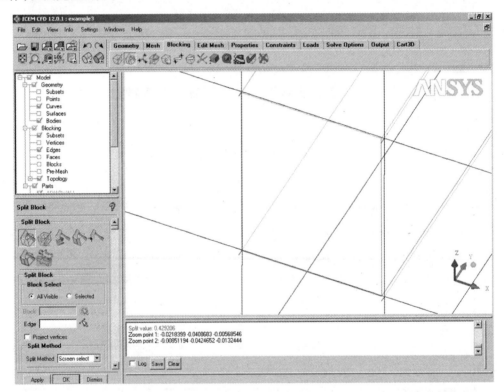

图 5.28　入口处的放大图

我们需要将块和几何映射关系定义好。在 ICEM 中,定义映射的操作称为 Associate,关联。单击第 5 个按钮,关联,如图 5.29 所示。

ICEM 有多种关联。第一种是 Block 顶点的关联,可以和几何点、线、面关联。来关联几何点,如图 5.30 所示。

Vertex 是 Block 的顶点,Point 是几何点。单击选择 Vertex 按钮。为使选择过程更清楚,行动前,将实体树的 Vertex 显示出来,将 Point 也显示出来。如图 5.31 所示,顶点旁出现了一个小 S。ICEM 表面顶点用 S 表示,内部顶点用 V 表示。几何点也用一个实体点显示。但由于比较小,颜色是淡绿色,看不清楚。其实不显示出来也没问题,也可以做选择。现在显示出来只是让读者看得更清楚。

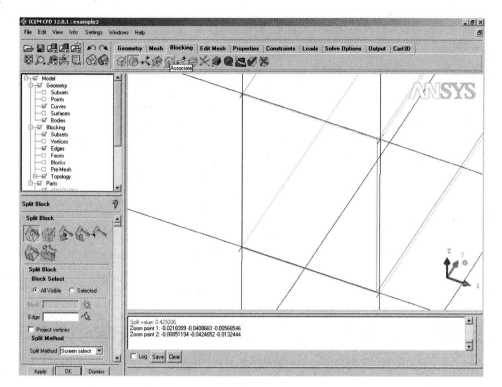

图 5.29　ICEM 中 Associate 按钮

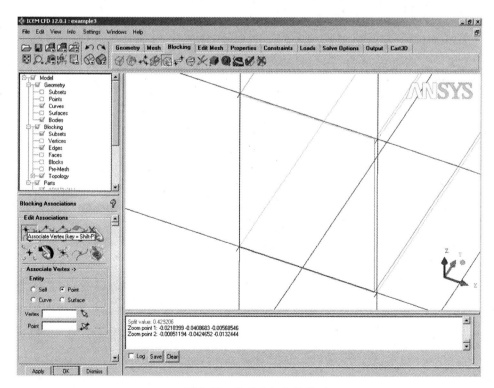

图 5.30　关联几何点操作

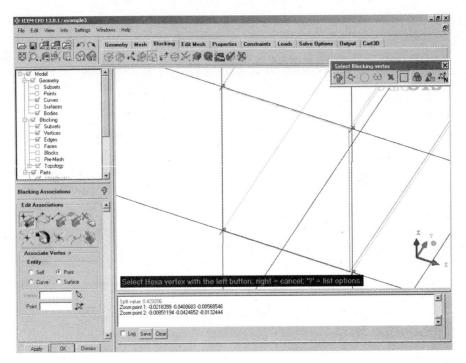

图 5.31 关联顶点和几何点的选择

选择一个入口处右上角的顶点,如图 5.32 所示。文本框中出现了 203,说明现在选择的是 203 号顶点。

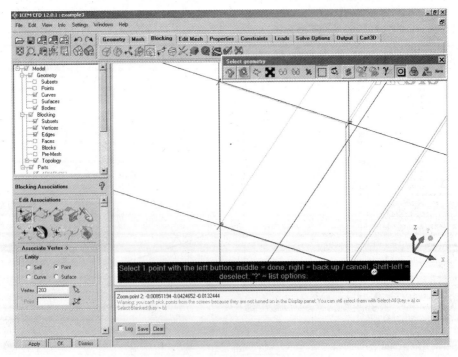

图 5.32 选择入口处右上角的顶点 203

接着需要选择这个顶点和哪个几何点关联,需要选择一个几何点。选中入口右上角的几何点。如图 5.33 所示,几何点在选中后变成红色,中键确定。

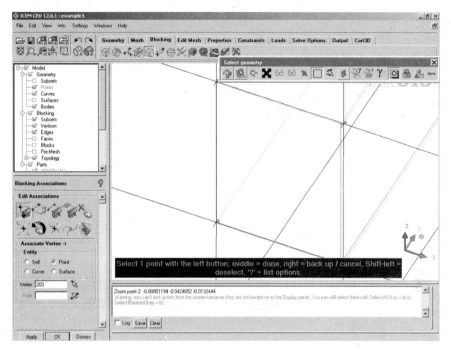

图 5.33　选中入口右上角的几何点

图 5.34 显示了顶点被移动到几何点的位置。

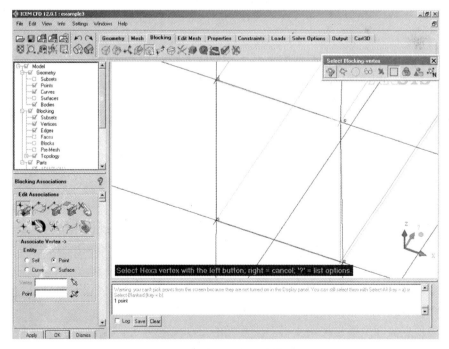

图 5.34　顶点和几何点完成关联

接着将另外三对点也都关联起来,如图 5.35 所示。由于几何线是直线,所以网格线和几何线也完全重合,这时划分的网格就能和几何一致了。

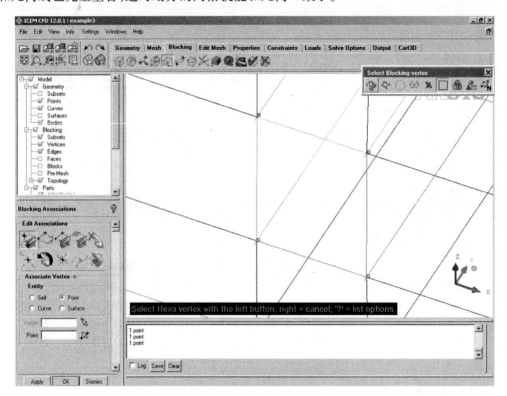

图 5.35　入口的所有点都完成关联

出口的 4 个点也需要做类似的 Vertex – Point 关联。

此时,入口和出口已经重合,但回转区域还没重合。用类似的方法,可以将回转区的顶点进行关联。

我们来看看整个回转端,如图 5.36 所示,内侧面几何和 Block 边已经重合,但外侧面跨了 3 个 Block,虽然两个拐角已经重合,但边还没重合。在这里又没有多余的点,可以用另一个功能,将顶点和几何线做关联。

单击单选按钮的 Curve,如图 5.37 所示,看到下面的两个选择框已经变为 Vertex(顶点)和 Curve(几何线)。

选择要和线关联的两个顶点,如图 5.38 所示。在模型树中将顶点隐藏,可以看得更清楚,第一个被选中的顶点标为 0,第二个标为 1。单击中键,确认选择这两个点。

再选择几何线。选好要关联的几何线,单击中键确认,如图 5.39 所示。

单击中键,退出选择模式。图 5.40 显示关联操作已经完成,但没有看到有什么变化。

我们再看第 6 个按钮,如图 5.41 所示,Move Vertex,移动顶点。

移动顶点实际上就是将块变形。刚才做的点和点的关联,实际上已经做了块变形,只不过是自动做的,现在要手工控制块的形状。

选择第一个功能按钮,Move Vertices,如图 5.42 所示。

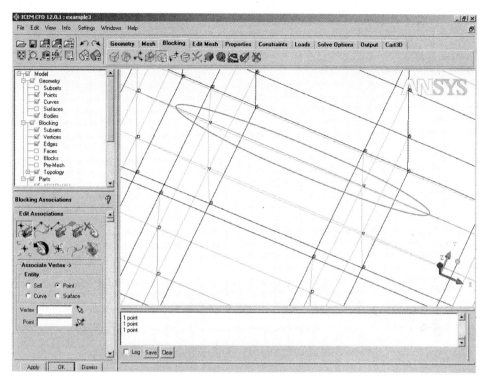

图 5.36　外侧面边还没重合

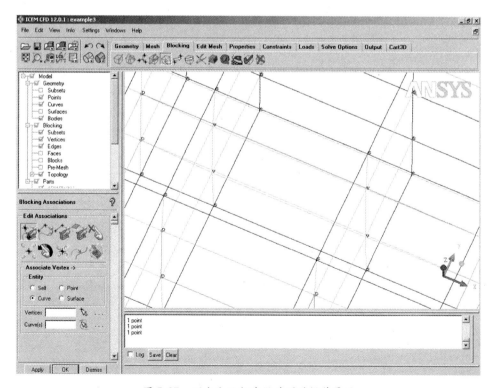

图 5.37　顶点和几何线做关联的操作界面

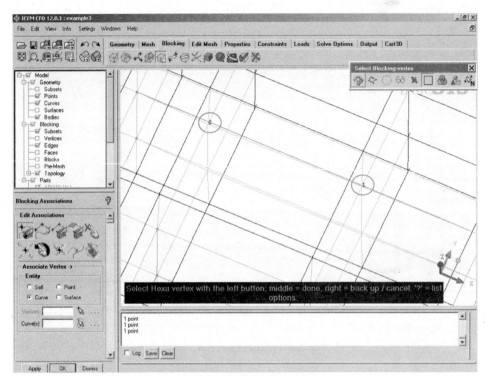

图 5.38　和线关联的两个顶点

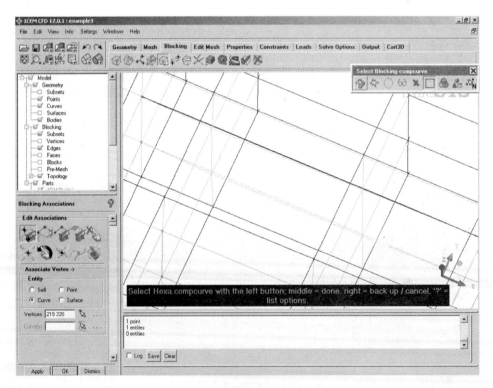

图 5.39　选择要关联的几何线

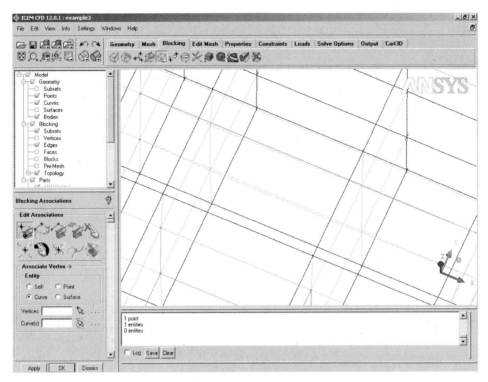

图 5.40 顶点和几何线完成关联

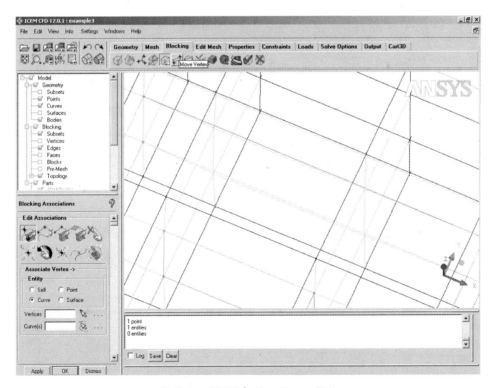

图 5.41 ICEM 中 Move Vertex 按钮

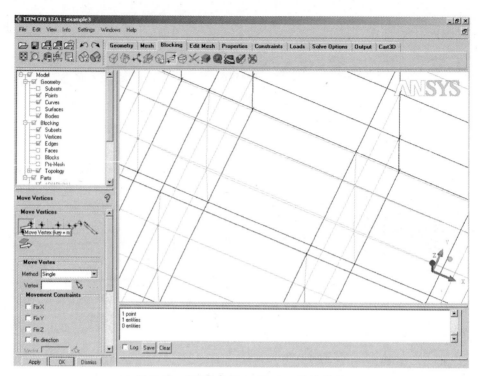

图 5.42　ICEM 中 Move Vertices 操作界面

单击图 5.43 所示的选择顶点 Select Vert(s)按钮。

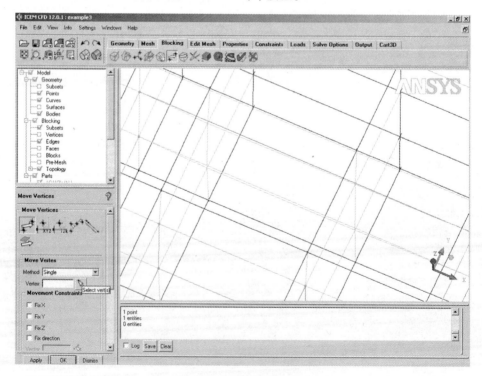

图 5.43　ICEM 中 Select Vert(s)按钮

单击顶点0,顶点自动被放置到了关联的几何线上,如图5.44所示。

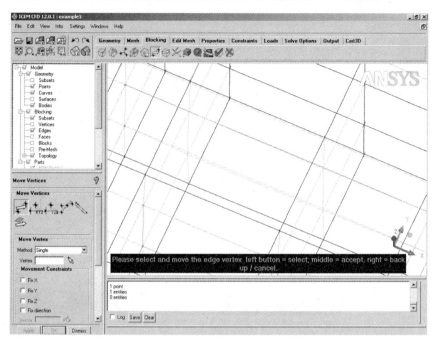

图5.44 顶点自动被放置到了关联的几何线

单击顶点1,顶点1也被自动移动到几何线上。如何手工控制网格变形的功能呢?来试着拖动第二个顶点。

如图5.45所示,第二个顶点已经被移动。但它始终在关联线上移动。

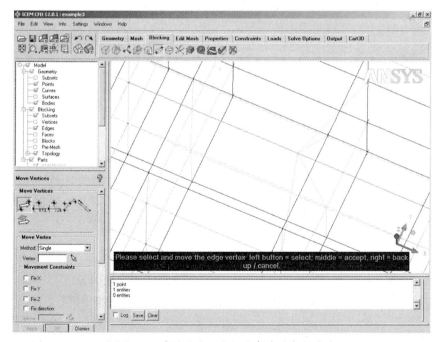

图5.45 关联后的顶点始终在关联线上移动

刚才的顶点位置显然不好,可把它移动回来,如图5.46所示,中键退出。

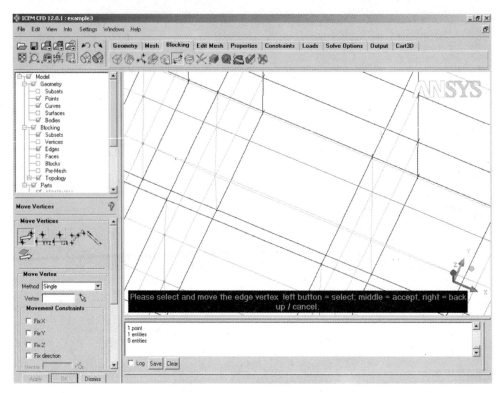

图5.46 顶点与几何线完成关联

把需要关联的点都关联好。需要关联的边包括回转通道外侧面的另一个边,入口通道的外侧面的两个边,出口通道外侧面的两个边。

由于最外侧的边本来就是基于几何生成的,所以不用做关联。中间的顶点则不涉及到几何形状,更改它们主要用于改善网格质量。至此所有的Block工作都已经完成。

5.1.4 设置网格分布参数

下面来定义每个块分成多少个网格。

在ICEM中,通过第9个按钮来定义每个块的网格参数,如图5.47所示。

ICEM提供了很多方式来定义Block的网格数。对于结构化网格,将一切掌握在自己手里是最好的。所以单击图5.48所示的第三个按钮,手工编辑参数。

图5.49是手工编辑参数的界面。

需要对每一个Block的边进行设置。对于简单的Block,这么做不容易出错,但对于复杂的Block,如果不能保持对整个Block结构的清醒的认识,就很容易犯错误。最常见的错误就是漏掉了一些边,忘了设置参数。所以做分块结构化网格,一定要自始至终保持清醒的头脑。

单击图5.50所示的Select Edge按钮,选择一个边,来看看具体的设置过程。

选择左下方的一条边。如图5.51所示,在设置界面显示出了这条边的默认设置。

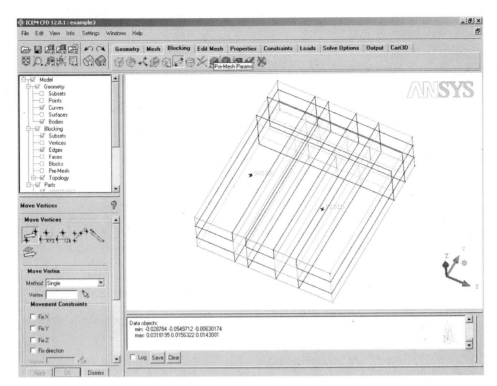

图 5.47　ICEM 中 Pre – Mesh Params 按钮

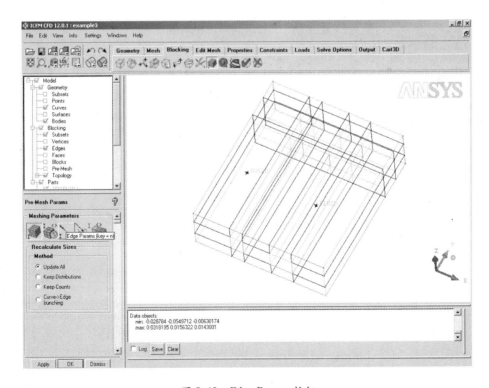

图 5.48　Edge Params 按钮

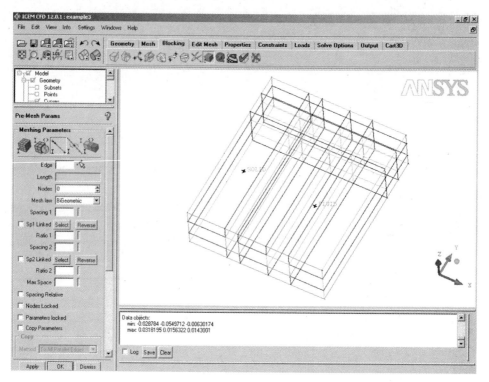

图 5.49 手工编辑参数的界面

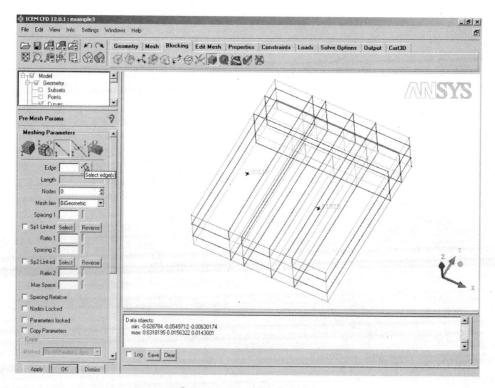

图 5.50 Select edge(s)按钮

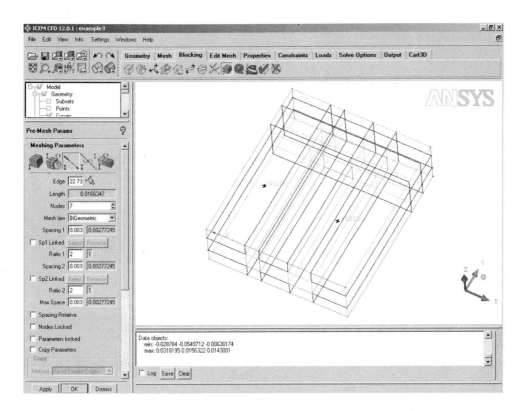

图 5.51　边的默认设置

来解释一下需要了解的设置参数。Edge 是边的编号。Length 是边长度。Nodes 指的是在边上设置几个网格节点。默认是两个。两个节点意味着整个边只有一个单元。Element 指的是几个面围成的空间，node 指的是单元上的顶点。一个六面体单元，有 8 个节点；一个四面体单元，有 4 个节点。Mesh law 是以什么样的规律分布这些节点。Spacing1、Ratio1 和 Spacing2、Ratio2 分别是边的起点端和终点端的两个的参数，对不同的 Mesh law，作用不一样。通常 Spacing1 和 Spacing2 用于定义两端第一个线段的长度，Ratio1 和 Ratio2 用于定义向线段内部两个相邻线段的长度比例。对不同的 Mesh law，有的用到 4 个参数的真实值，有的用它们来做拟合，有的根本不用，所以这 4 个文本输入框后面还各自跟着一个灰色的文本显示框，用于显示实际第一线段的长度值和相邻线段的长度比例。

将 Nodes 改为 11，意味着将这个边分为 10 个线段。图 5.52 是局部放大图，可以看到红色的网格节点标记。共 9 个，加上 2 个端点，共 11 个节点。

现在这些节点均匀分布。边上有一个箭头，箭头尾是起点，箭头指向终点。Spacing1 和 Spacing2 分别对应起点和终点。如果希望终点处的网格更密一些，采用 Mesh law 的功能。换一个 Mesh law 试试，如图 5.53 所示，换成 Hyperbolic。

如图 5.54 所示，边的起点附近网格稀疏，终点附近网格密集。单击 Apply 确认修改。

再来看看这条边下面的平行边。如图 5.55 所示，由于结构化网格要求网格线贯通，所以这条边的网格自动设置为 11 个节点，但节点还是均匀分布。

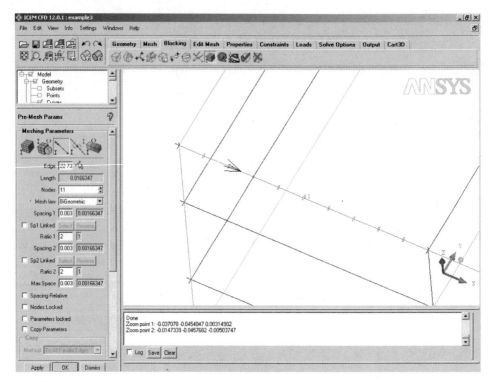

图 5.52　设置节点后的局部放大图

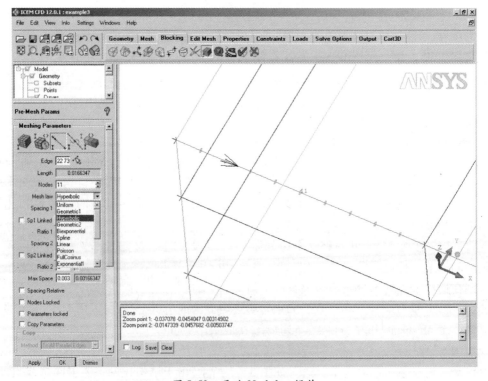

图 5.53　更改 Mesh law 操作

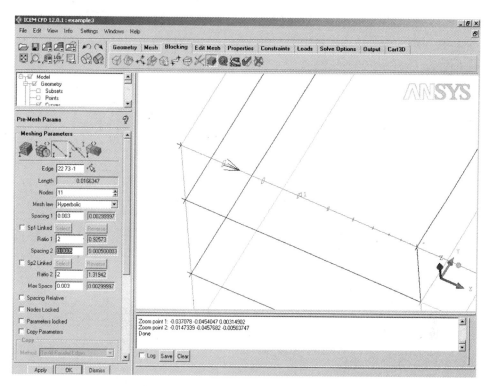

图 5.54　Mesh law 修改后的网格疏密情况

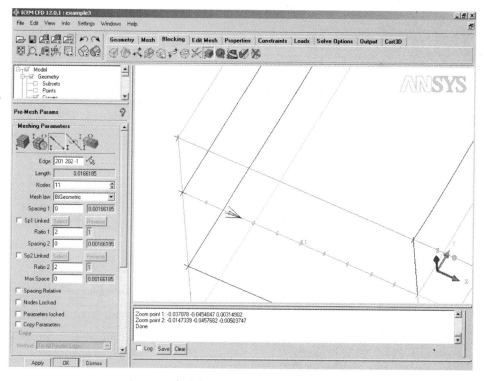

图 5.55　未选中 Copy Parameters 时的节点情况

如果希望这些相关的边的参数设置成一样,需要再次选择上面的边,并在参数设置下面选中 Copy Parameters 复选框。如图 5.56 所示,被选中的边的参数设置已经被复制到全部相关的边上了。

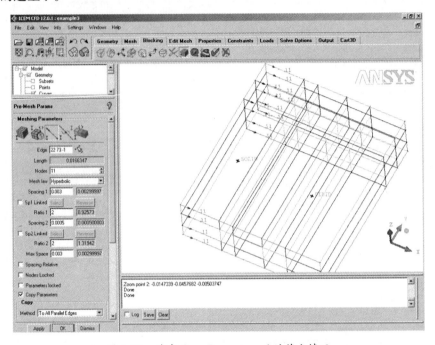

图 5.56　选中 Copy Parameters 后的节点情况

图 5.57 是局部放大图。

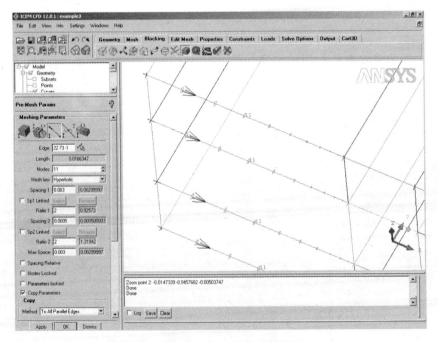

图 5.57　选中 Copy Parameters 后局部放大图

同样的方法,将这些边一个个设置好。一共需要在 X 轴方向设置 5 条边,Y 轴方向设置 3 条边,Z 轴方向设置 3 条边。

5.1.5 生成网格

下面开始生成网格。单击 Pre-mesh 前面的复选框,如图 5.58 所示。

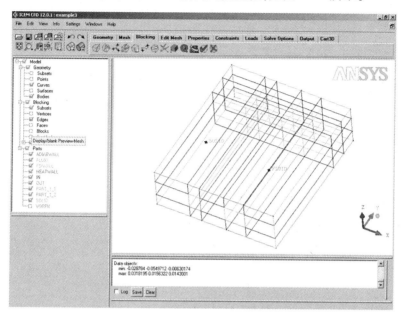

图 5.58 单击 Pre-mesh 前面的复选框

在图 5.59 的弹出对话框中,单击 Yes 按钮。

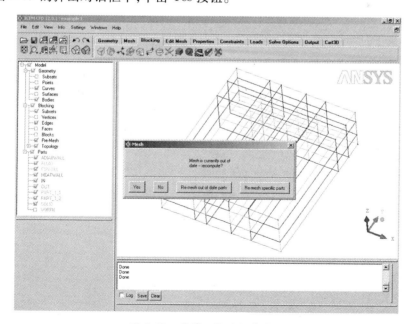

图 5.59 计算网格的操作界面

如图 5.60 所示的网格几乎瞬间就生成,而四面体网格那样要等待好一段时间。

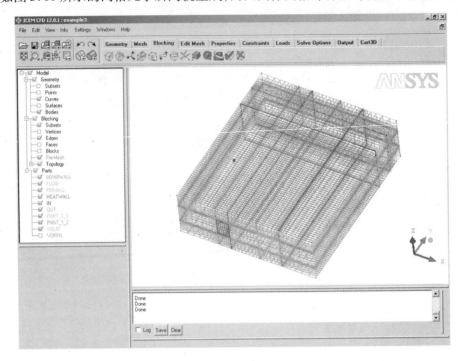

图 5.60　生成网格

图 5.61 是将 Edge 隐藏后,用实体面显示的网格。

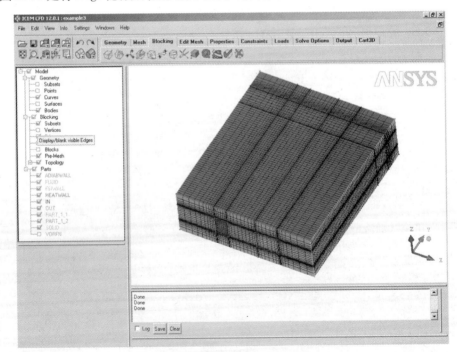

图 5.61　实体面显示的网格

Premesh 右键菜单,单击 Convert to Unsturct Mesh,如图 5.62 所示。CFX 是一个非结构化网格求解器,所以要将这个结构化网格转化成非结构化的表达形式,CFX 才能接受。

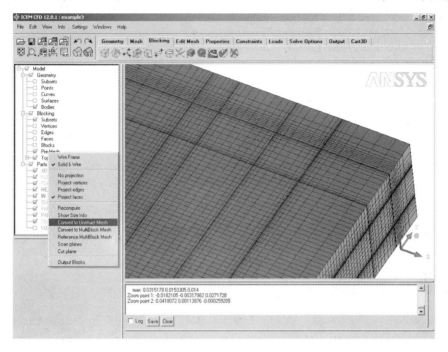

图 5.62　转化成非结构化网格

将网格写到 example3.cfx5 文件中,如图 5.63 所示。

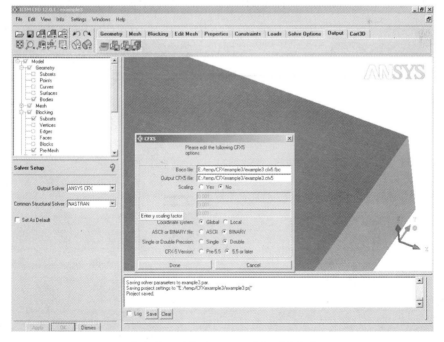

图 5.63　网格写入 example3.cfx5 文件

图 5.64 是将网格导入 CFX 的情况。为何在 assembly 中只有一个实体区域,FSI-WALL 哪里去了?

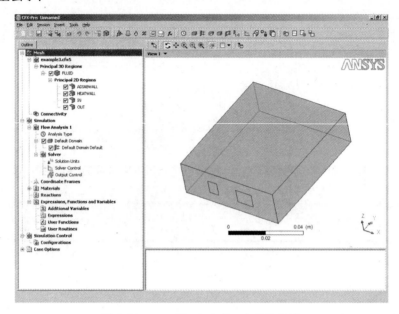

图 5.64　assembly 中只有一个实体区域

再来仔细看看当初建立第一个大块时的情景。如图 5.65 所示,在 Creat Block 时,ICEM 在悄悄地问我们,要把这个 Block 放到哪个 Part 里? 默认的是 Fluid。这个 Fluid 和当初建立 Body 时的 Fluid 恰巧重名。于是这些切割的 Block 就都是 Fluid 分组的一员。那么由它生成的网格也是放到了 Fluid 中。可以看出,在 ICEM 的六面体网格中,没有几何 Body 的概念,只有分组的概念。

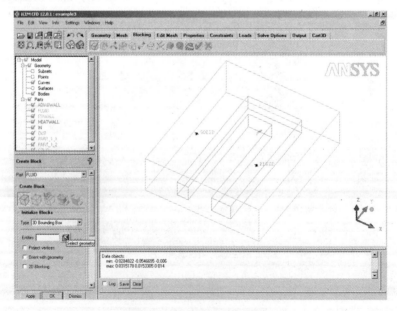

图 5.65　创建 Block 操作界面

那么现在还能在 ICEM 中补救吗？当然能。只要将一些 Block 分到 Solid 组就可以了。

首先将 Block 显示出来，如图 5.66 所示。

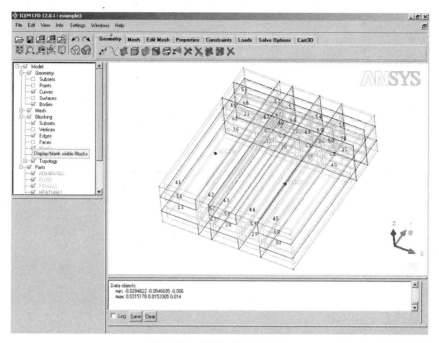

图 5.66　将 Block 显示出来

右键单击 Blocking 节点，选择 Index Control，如图 5.67 所示。

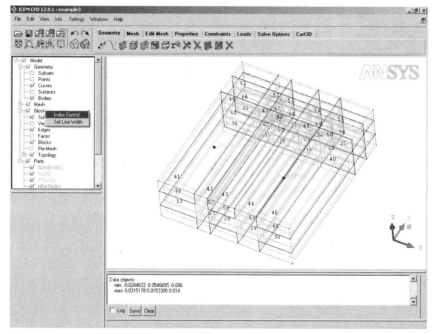

图 5.67　Blocking 节点的 Index Control 操作

右键单击 Parts 节点，选择 Create Part，如图 5.68 所示。

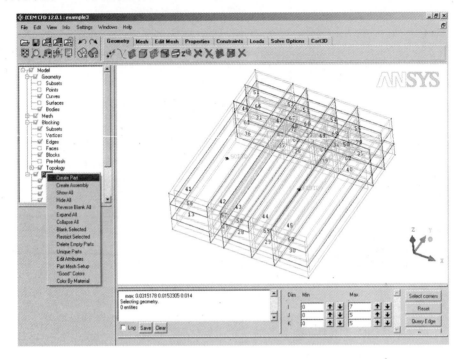

图 5.68　Create Part 操作

我们 Create 一个 Part，叫 solid，如图 5.69 所示。

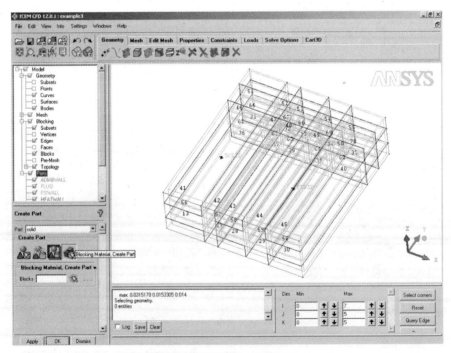

图 5.69　新建 solid 组

选中图5.70所示的若干个固体块,单击OK按钮。

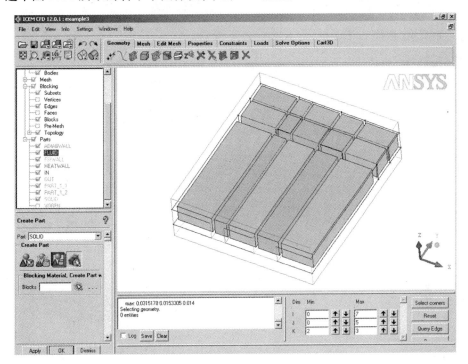

图 5.70   若干个固体块

图5.71是重新生成的网格。

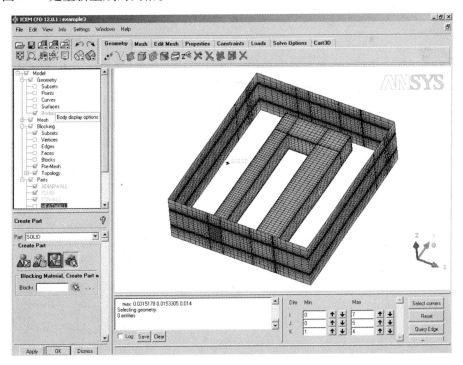

图 5.71   重新生成的网格

转化成非结构化网格后,导出到 example3. cfx5 文件中。

再到 CFX 中,如图 5.72 所示,网格已经分为两部分了。只要将原来的设置复制过来,删除原网格,替换上新网格,就可以拿去计算了。

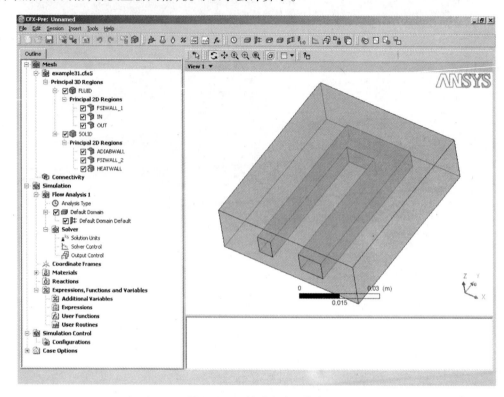

图 5.72　网格被分为两部分

这个例子的分块过程比较简单,只利用劈分这一项就可以完成。读者从中可以学会 ICEM 分块的概念,分块的基本操作。

5.2　矩形截面圆弧回转通道

下面再来看另一个例子,圆弧回转通道。在这里要向大家介绍一下 Ogrid。

图 5.73 所示为矩形截面圆弧回转通道的几何外形。

图 5.74 为生成的网格。

图 5.75 是网格的拓扑结构。

下面正式开始学习如何生成这种类型的网格。

5.2.1　块拓扑生成

需要导入几何模型,定义面分组,图 5.76 是全部定义好的面分组。

首先以整个几何模型为基础生成一个原始大块。这个几何和原来的不同,多了几个圆弧。如果还用原来的那种劈分方式,似乎不太合适,图 5.77 是劈分后的情况。

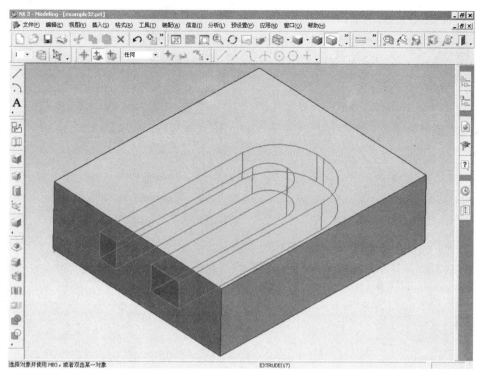

图 5.73　矩形截面圆弧回转通道的几何外形

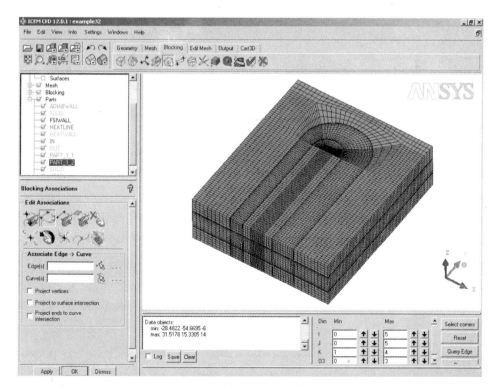

图 5.74　生成的网格

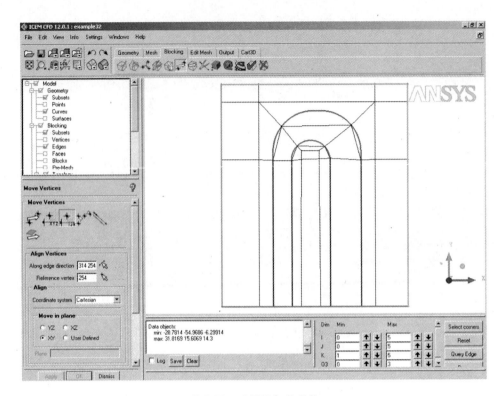

图 5.75　网格的拓扑结构

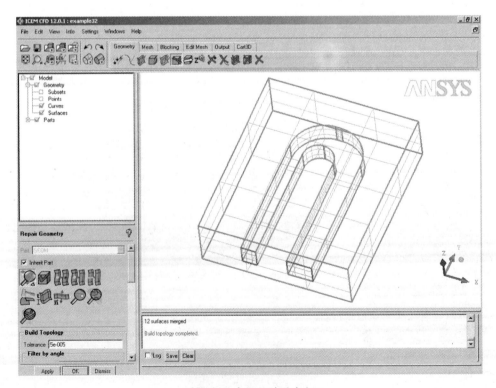

图 5.76　定义好的面分组

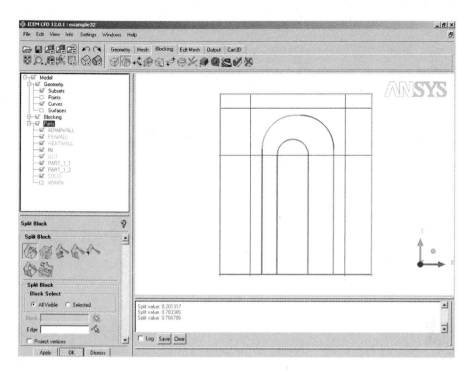

图 5.77　简单劈分后的情况

下面要进行的就不是简单的劈分了，而是一个比较复杂的劈分方式，称为 Ogrid，如图 5.78 所示为 Ogrid 的参数界面。

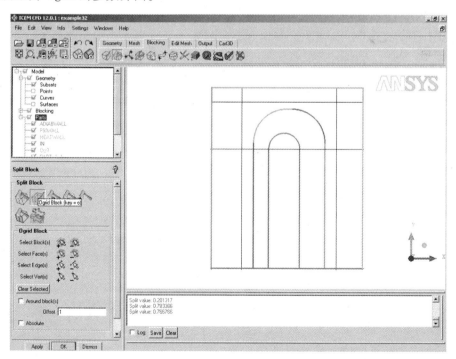

图 5.78　Ogrid 网格的操作界面

要完成 Ogrid 劈分,需要选择 Block 以及相应的 Face。通常 Ogrid 都只用这两个按钮。

5.2.2　Ogrid 概念及用途

来看一个长方体几何模型,如图 5.79 所示。

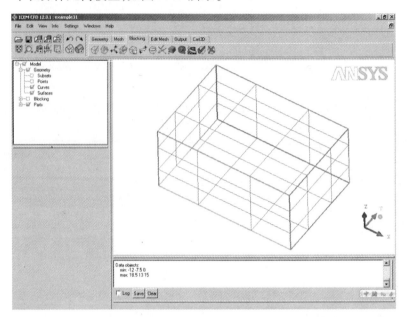

图 5.79　长方体几何模型

根据几何建立一个块,如图 5.80 所示。

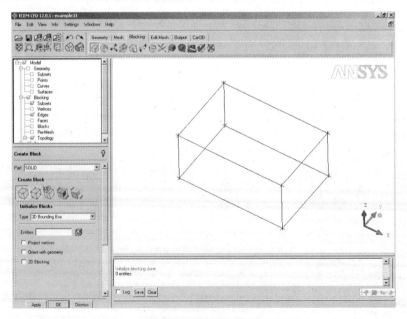

图 5.80　创建长方体块

进入 Ogrid 界面，单击选择 Block 按钮。选择唯一的 Block，如图 5.81 所示。

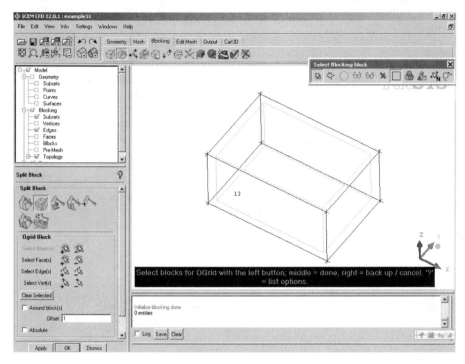

图 5.81　创建后的 Block

选好 Block 后，不做其他设置，直接单击 Apply，产生的效果如图 5.82 所示。

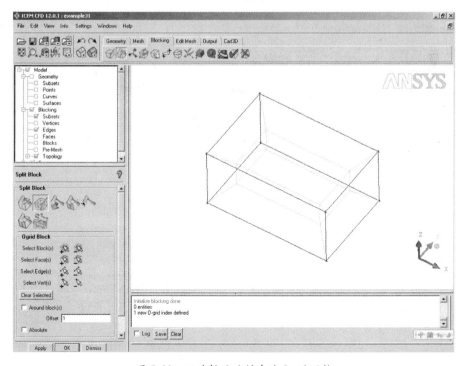

图 5.82　不选择面时创建的 Ogrid 网格

这个 Block 被分成了 7 个 Block。规律为中间一个小 Block，两个 Block 的对应的 6 个面分别形成 6 个 Block。也就是说原始 Block 的 6 个面向内塌陷，形成这 7 个 Block。面塌陷，这就是 Ogrid 的本质。

再来看看 Ogrid 的 Face 有什么用？单击选择 Face 按钮，如图 5.83 所示。

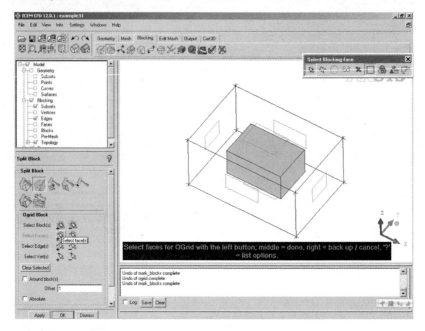

图 5.83　Ogrid 的 Face 选择界面

选择其中的一个面，如图 5.84 所示。

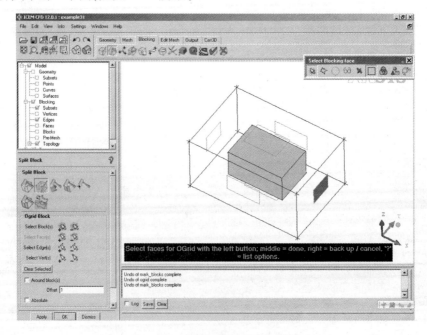

图 5.84　选择其中的一个面

单击 Apply 后,如图 5.85 所示,看到不一样的结果。被选中的面没有塌陷,最后生成的是 6 个 Block。因此,Face 选择的是哪个面不塌陷。

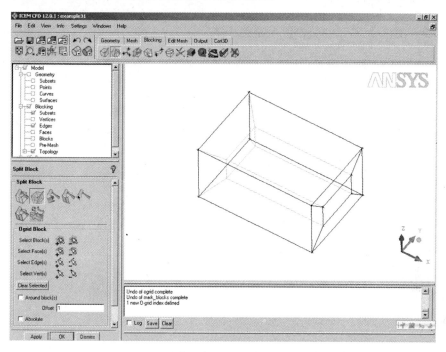

图 5.85　选择一个面后创建的 Ogrid 网格

下面将原始的 Block 劈分成两个,如图 5.86 所示,尝试两个 Block 一起做 Ogrid。

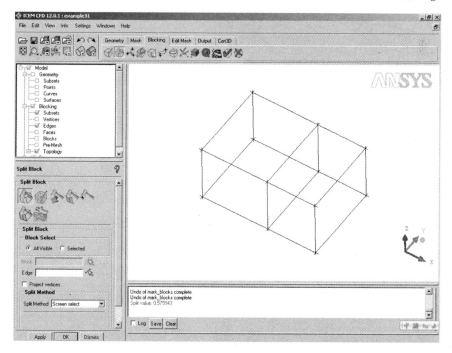

图 5.86　将原始的 Block 劈分成两个 Block

选择 Ogrid,并将两个 Block 都选中,如图 5.87 所示。

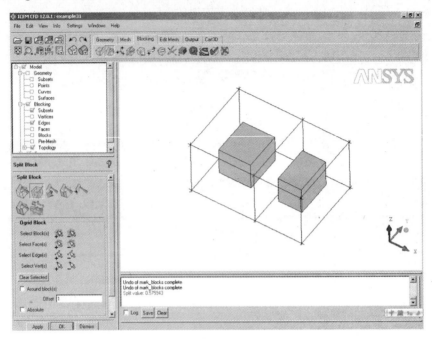

图 5.87　将两个 Block 都选中

如图 5.88 所示生成的 Block,和一个 Block 很像。我们看到,两个 Block 联合做 Ogrid 时,中间的共享面是不塌陷的。这一点很重要。两个 Block 联合做一个 Ogrid 和两个 Block 分别各做一次 Ogrid 是不一样的。

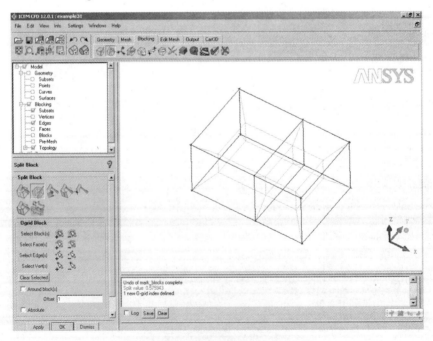

图 5.88　两个 Block 联合做一个 Ogrid

下面选中一个面,看会发生什么情况,如图5.89所示。

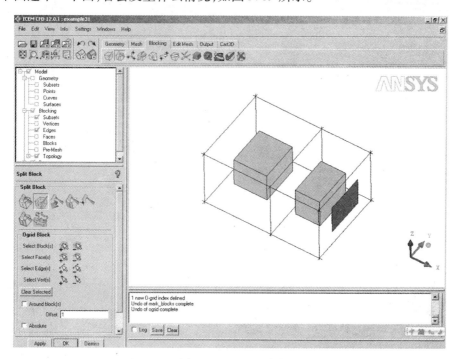

图 5.89　选择两个 Block 和其中的一个面

如图 5.90 所示,被选中的面不塌陷。

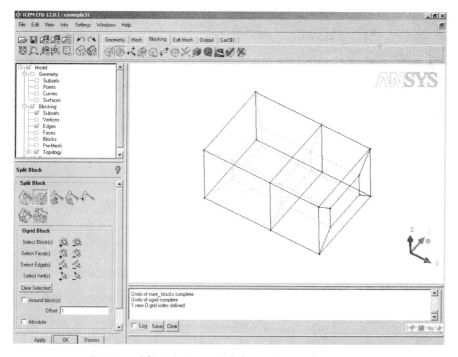

图 5.90　选择两个 Block 和其中的一个面后的 Ogrid 网格

尝试着多选几个面,如图 5.91 所示。

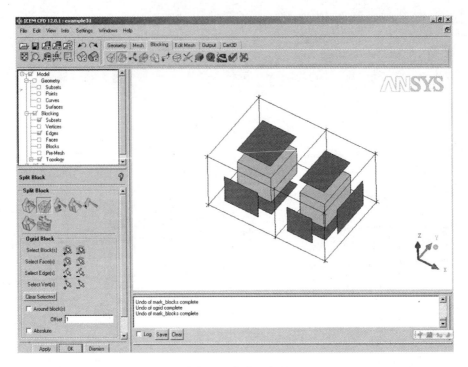

图 5.91 多选几个面

从图 5.92 可以看出,生成的块拓扑看起来和 Ogrid 标准形式有较大差别,这其实是一个 1/4 的 Ogrid。

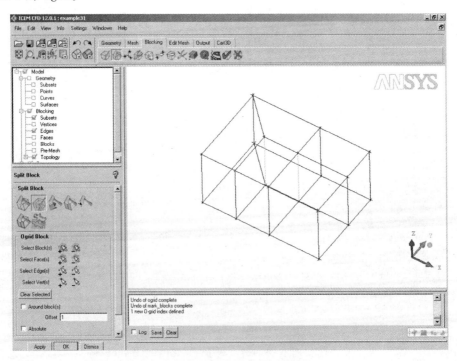

图 5.92 多选几个面后生成的块拓扑

那么 Ogrid 主要用途为何？来看一个圆柱几何模型，如图 5.93 所示。尝试用一个块来生成网格。

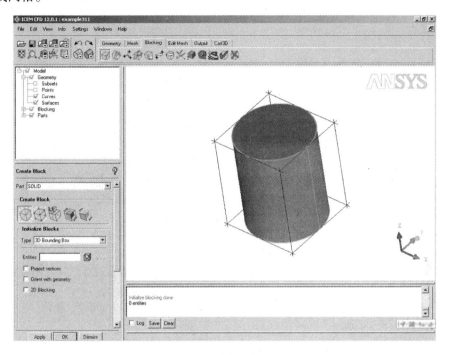

图 5.93　圆柱几何模型

如图 5.94 所示为生成的网格。

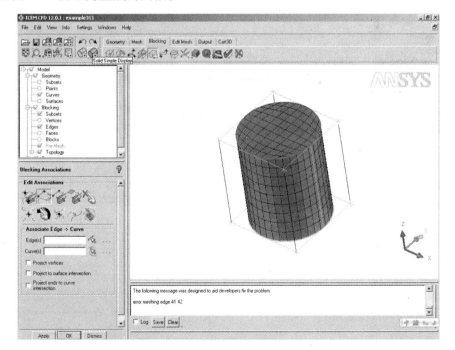

图 5.94　圆柱生成的网格

着重看一下块角点的网格。如图 5.95 所示,此处的网格两个边几乎成 180°,这种网格质量在六面体网格中是非常差的。一般希望六面体网格的最小角度大于 30°,小于 150°。而在这种简单块拓扑下,无论如何进行简单劈分也都不可能提高这里的网格质量。

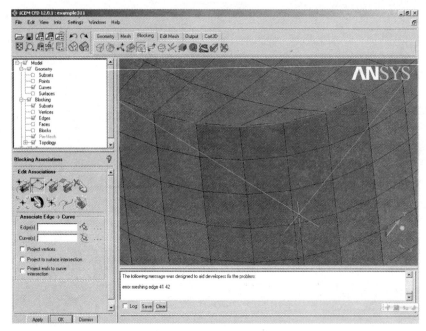

图 5.95　圆柱块角点的网格

再尝试着用 Ogrid 劈分一下。选择上下两个面不塌陷,如图 5.96 所示。

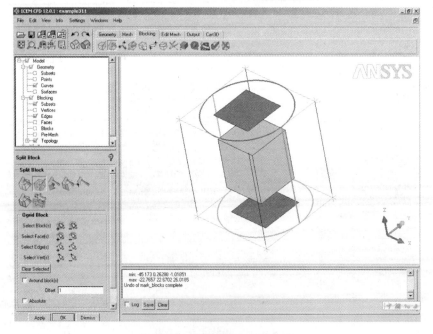

图 5.96　选择圆柱上下两个面

168

图 5.97 是生成的网格。可以看到，Ogrid 避免了两条边 180°的网格，网格质量非常好。这是 Ogrid 最广泛的应用，即用于生成曲面几何的网格。

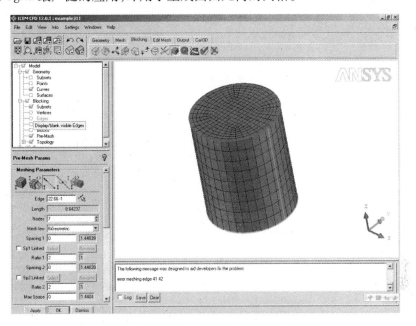

图 5.97　选择圆柱上下两个面后生成的网格

5.2.3　块拓扑生成(续)

现在再看回转通道。由于回转通道中存在圆弧面，考虑用 Ogrid 建立局部拓扑关系。单击 Select block 按钮，如图 5.98 所示。

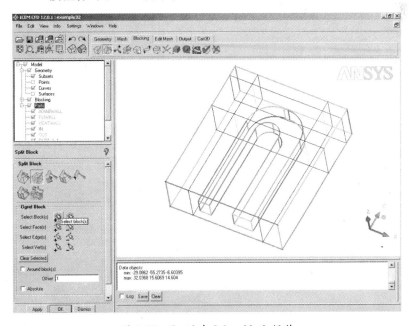

图 5.98　Ogrid 中 Select block 操作

选择中间的两个块,如图 5.99 所示。

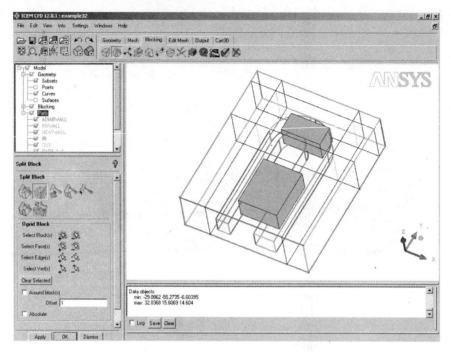

图 5.99　选择中间的两个块

再单击选择 Face 按钮,选择不希望塌陷的面。选择上表面、下表面和端部面,如图 5.100所示。

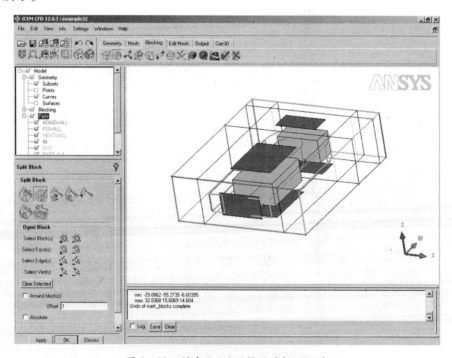

图 5.100　创建 Ogrid 网格时选择面操作

图 5.101 是 Ogrid 劈分后的块拓扑。可以看到,Ogrid 形成的块和几何通道已经有一定的对应关系。但这个 Ogrid 问题在于就是两个内部角点落到了通道中。希望这两个内部角点落到回转通道小半径以内。

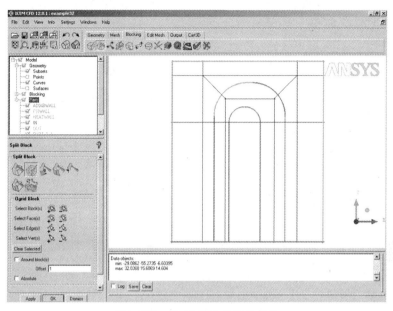

图 5.101　Ogrid 劈分后的块拓扑

单击 Undo 按钮若干次,就可以返回到最初选择 Block 和 Face 的状态,如图 5.100 所示,有一个参数 Offset,它的默认值为 1。Offset 参数控制的是塌陷的相对深度,更改 Offset 参数为 1.3,使之塌陷更深,单击 Apply 后能看到 Block 重新劈分后的状态,如图 5.102 所示。

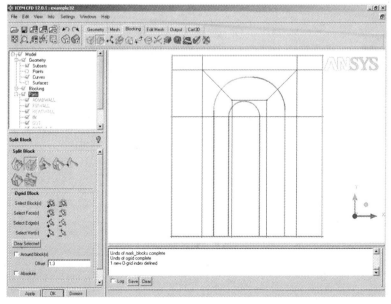

图 5.102　更改 Offset 参数后 Block 重新劈分

下面要使用简单劈分,划分出通道自身的网格块。首先在通道外边界附近劈一次,如图 5.103 所示。

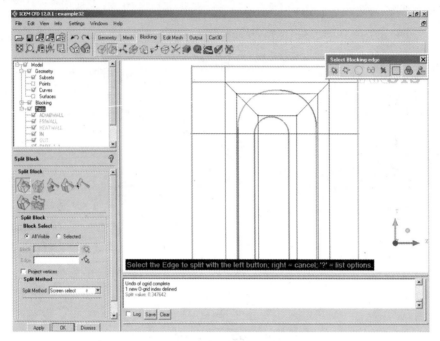

图 5.103　在通道外边界附近劈一刀

然后在通道内边界再劈一次,如图 5.104 所示。在 Ogrid 内劈分两次,中间的网格将来就是通道对应的网格,内部和外部的边缘则是通道网格和外部网格之间的过渡网格。

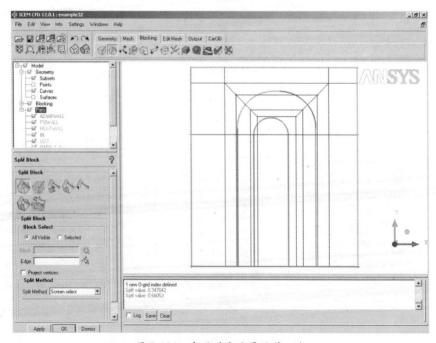

图 5.104　在通道内边界再劈一次

接着来劈分厚度方向的网格。简单的劈分两次,如图 5.105 所示。

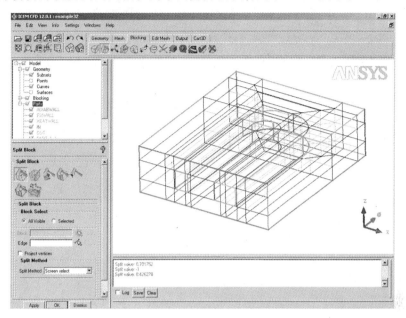

图 5.105　沿厚度方向劈分两次

至此,网格的块拓扑已经定义完成。下面将要定义 Associate 映射,将网格块和几何元素对应起来。

5.2.4　块特征(顶点、边)和几何特征(点、曲线)映射

先来关联通道顶部一层的块信息和几何信息。打开 Index Control,如图 5.106 所示。

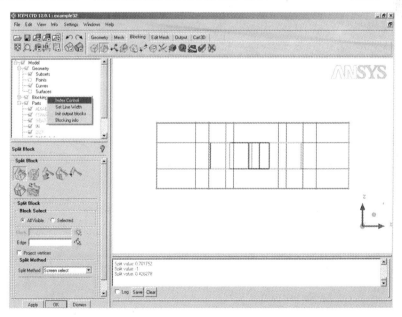

图 5.106　Index Control 面板的拓扑控制选项

使用了 Ogrid 劈分后，Index Control 面板出现了一个 Ogrid 的拓扑控制选项，如图5.107所示。将 Z 轴方向最小值和最大值都改为 3，只显示这一层 Edge。

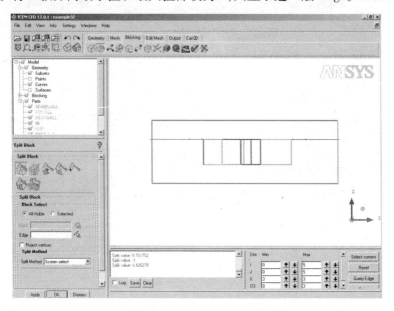

图 5.107　Index Control 面板的拓扑控制选项

下面就将要调整这些边，使之和相应的几何通道曲线对应起来。首先将节点大致移动到几何曲线附近。

单击 Move Vertex 按钮。由于 Z 轴方向基本符合要求，不需要做大调整，所以先暂时固定 Z 轴方向，之后做微调时再调整。勾选 Fix Z。将顶点一一移动，放到希望放置的大致位置。图 5.108 所示为移动顶点后的状态。

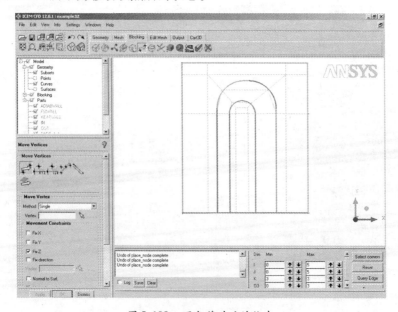

图 5.108　顶点移动后的状态

下面开始定义映射。单击关联按钮,选择将边映射到曲线。单击 Edge 选择图标,进入选择状态,如图 5.109 所示。

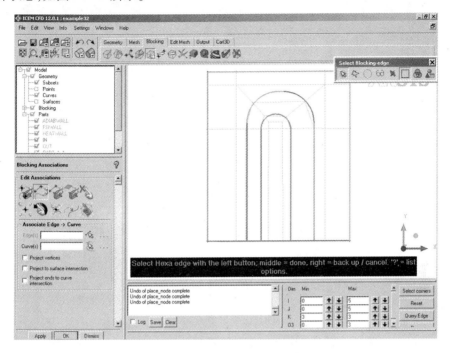

图 5.109　将边映射到曲线的操作界面

将几何曲线隐藏,这样选择 Edge 看得比较清楚,如图 5.110 所示。

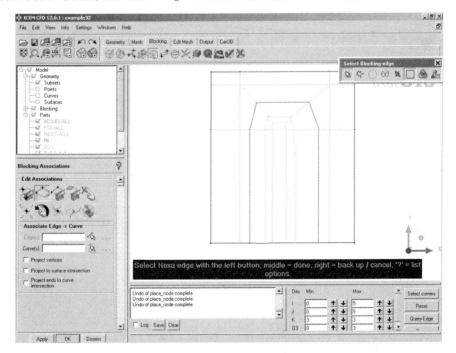

图 5.110　将几何曲线隐藏后看 Edge

接着选择需要关联的曲线。换个角度,选择顶部面的外边界曲线,如图5.111所示。

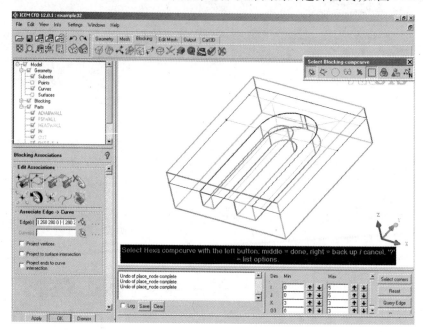

图 5.111　选择需要关联的曲线

定义了映射关系,但节点并没有自动移动到曲线上。ICEM 有自动移动节点的功能,但考虑到分块结构化网格需要网格划分者对网格拥有全部控制权,所以建议手工移动节点。

进入 Move Vertex 中,将相关的节点一个个移动到合适的位置,如图5.112所示。

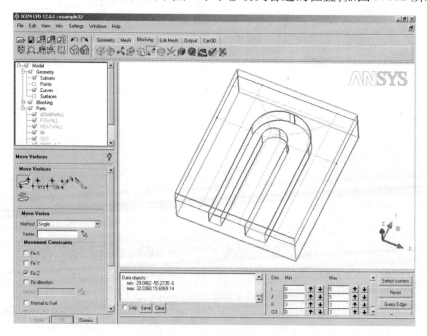

图 5.112　将相关的节点移动到合适的位置

把通道内部的块边界和相应的几何曲线也关联好,并移动节点,将节点放置到曲线的合适位置,如图 5.113 所示。

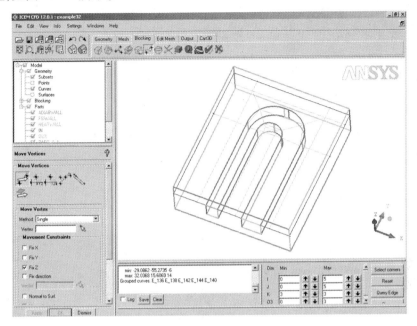

图 5.113　将节点放置到曲线的合适位置

在入口和出口处,可以用 Vertex – Point 关联的方式对应。

下面看看其他几个 Z 向面的网格分块情况。从图 5.114 中可以看到,网格块的各层之间存在错位。最初调整的那层是比较合适的,希望其他几层也能具有相同的块节点分布。

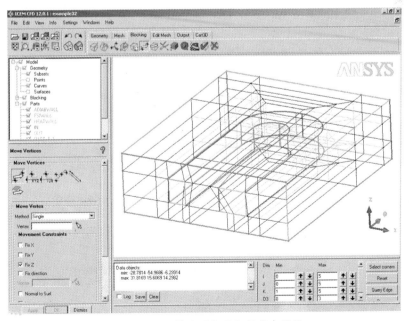

图 5.114　网格块的各层之间存在错位

将使用 Move Vertices 中的 Align Vertices 功能。Align Vertices 功能按钮为设置区的第三个按钮,如图 5.115 所示。

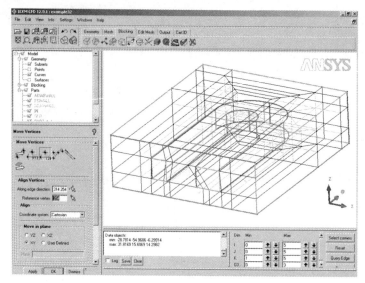

图 5.115　Move Vertices 中的 Align Vertices 功能

Align Vertices 功能是通过一个基准节点和一个(i,j,k)基准编号方向,定义一个基准节点平面。其余所有节点都按照该基准节点平面的节点位置排列。并且该功能要求其余所有节点只能在某个平面上移动,可以是坐标平面,也可以自定义平面。

首先选择一个编号方向。选择一条沿 Z 轴方向的边。并选择该边的一个节点(编号254)作为基准节点,如图 5.115 所示。

看一下 254 节点的位置,如图 5.116 所示。定义了以 254 节点为基准节点,以 254 - 314 边为方向的节点平面为基准节点平面,其余节点将向该基准节点平面的相应节点对齐。

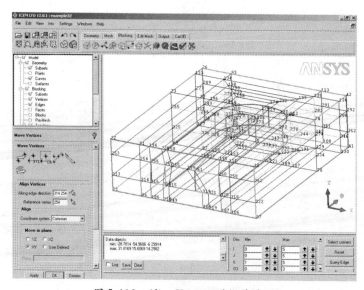

图 5.116　Align Vertices 的操作界面

选择节点只能在 XY 轴平面内移动。单击 Apply。如图 5.117 所示,各个节点都已经对齐。

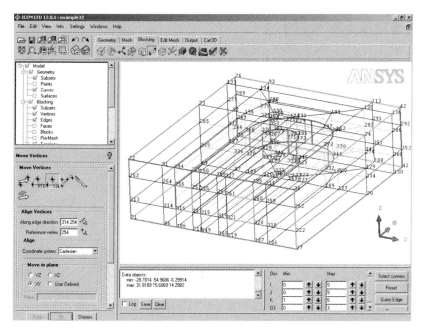

图 5.117　使用 Align Vertices 功能后的节点情况

需要将通道底面曲线也和网格块的边关联起来。通过放大局部,如图 5.118 所示,刚才的对齐仅仅是在 XY 平面上的对齐,但在 Z 轴方向没有变化,保持着当时劈分网格时的误差。

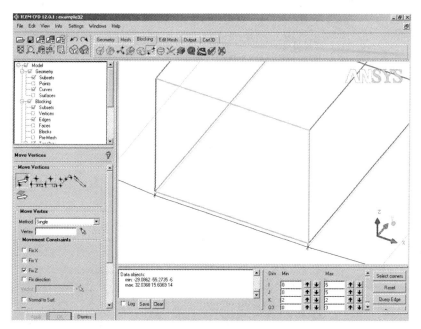

图 5.118　局部放大图

用同样的方法,将这一层边和几何曲线关联起来,再将块节点一个个移动到几何曲线上。将全部块的顶点、边都和相应的几何对应好。

5.2.5 设置网格参数及生成网格

需要定义划分网格的参数。由于存在 Ogrid,所以设置各个边的参数时需要注意,不要漏掉。

最后,建立一个新的 Part 分组,将其中一部分流体通道的 Block 放到其中,如图 5.119 所示。

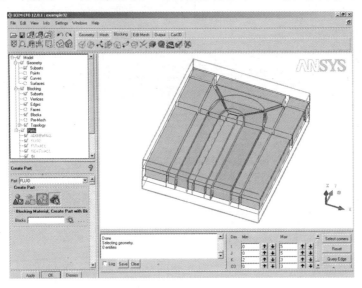

图 5.119　新的 Part 分组

图 5.120 是预览的网格。为了看到内部流体通道的网格,将上下两个面隐藏了。要选择 Project edges,才能看到这样的网格和几何曲线贴体的网格。

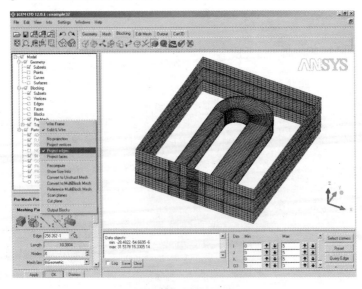

图 5.120　预览的网格

图 5.121 是上下两个加热面的网格。由于没有定义映射曲线,所以网格边是直的。

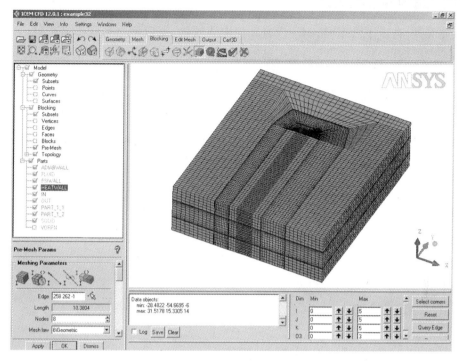

图 5.121　上下两个加热面的网格

可以将这个网格导出,图 5.122 是导入 CFX 中的情况。

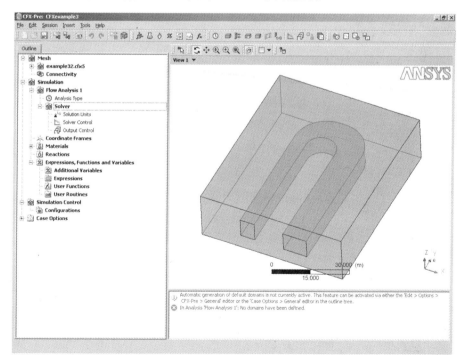

图 5.122　将网格导入 CFX 中的情况

5.2.6* 增加辅助线提高网格质量

刚才看到,在上下两个面,由于没有几何曲线映射,所以网格形状不是很好。希望在上下两个面上的网格能和网格通道中的网格一致。需要在上下两个面上定义相应的几何辅助曲线,以便定义映射关系,方法如下。其一,在 UG 模型中就定义这样的辅助线,再导入到 ICEM 中。其二,在 ICEM 中做出这些辅助线。

在 Gemotry 标签页中,单击 Curve 按钮,选择 Project Curve on Surface,如图 5.123 所示。

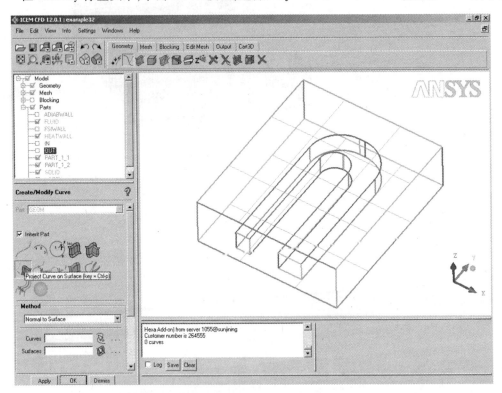

图 5.123　Gemotry 标签中 Project Curve on Surface 按钮

打算将这些新生成的曲线都放到一个新的 Part 分组中,给这个分组命名为 HEAT-LINE,如图 5.124 所示。

单击 Curve Select 按钮,选择通道顶面的曲线,如图 5.125 所示。

再选择实验件顶面,如图 5.126 所示。

单击 Apply,如图 5.127 所示,在实验件顶面生成一条曲线。

同样的方法,选择通道内半径曲线和实验件底面,可以生成另一条曲线,如图 5.128 所示。

在下底面也生成相应的曲线。为了看得清楚,将内部几何隐藏,如图 5.129 所示。

接着来定义边和辅助线的映射关系。如图 5.130 所示,显示出相应的网格边。

定义相应的映射关系,如图 5.131 所示。

图 5.132 是预览的网格。在节点"block"子节点"Pre-mesh"的右键菜单中(图 5.120),Project edge 一定要打勾。

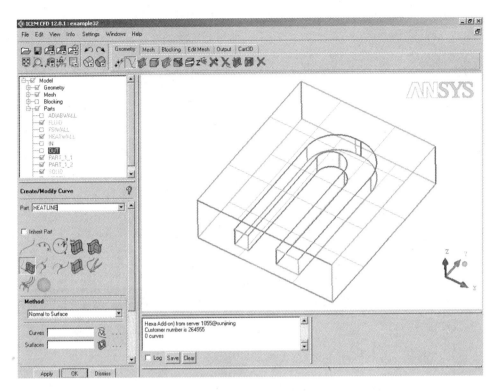

图 5.124　将新生成的曲线放入 HEATLINE 组

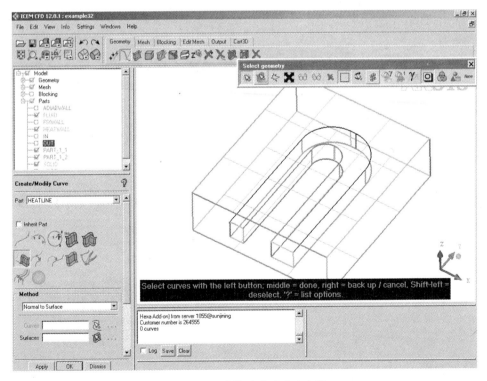

图 5.125　选择通道顶面的曲线

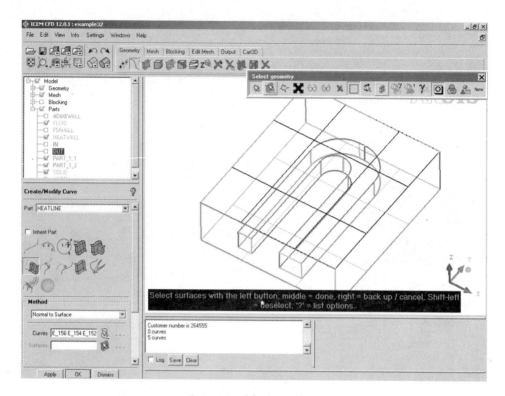

图 5.126 选择实验件顶面

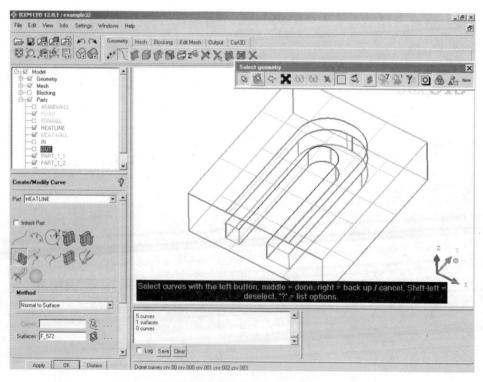

图 5.127 实验件顶面生成一条曲线

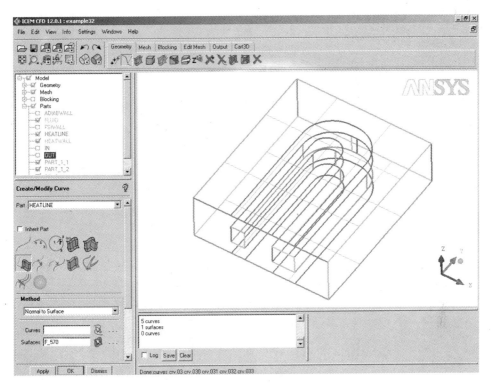

图 5.128 实验件底面生成一条曲线

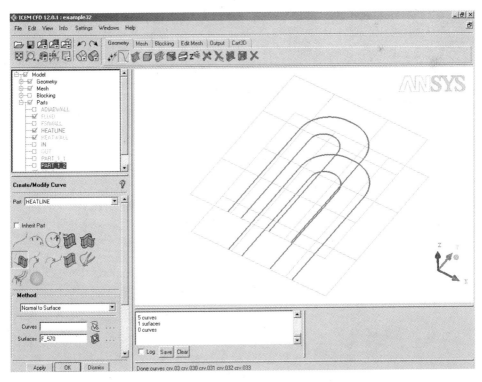

图 5.129 上下底面生成的辅助曲线

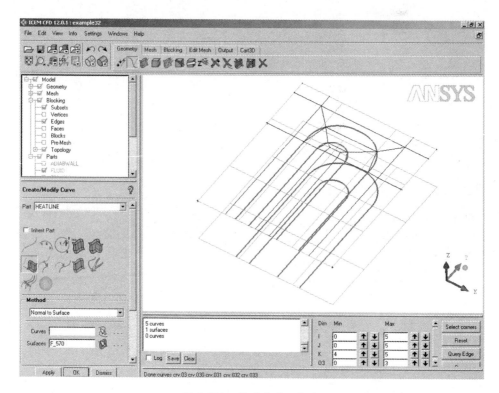

图 5.130　辅助线的网格边

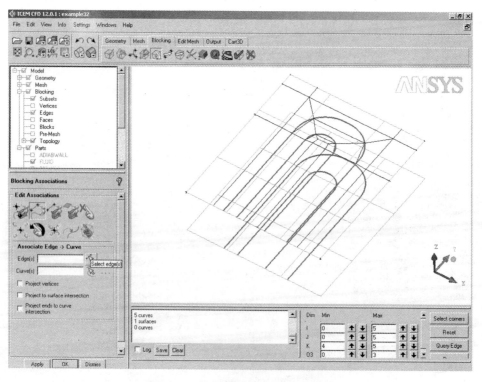

图 5.131　定义辅助线相应的映射关系

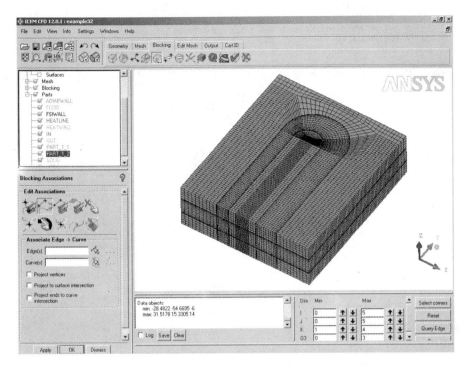

图 5.132　预览的网格

为提高网格质量,同样也可以用网格光顺功能做一些优化网格的工作,如图 5.133
所示。

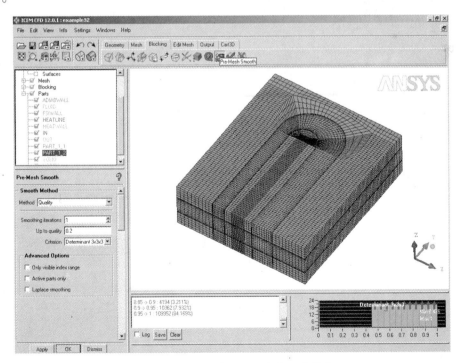

图 5.133　ICEM 的 Pre-Mesh Smooth 按钮

5.3* 圆形截面圆弧回转通道(读者提高)

下面的圆形截面圆弧回转通道(图 5.134),有一点难度,请各位读者思考。做一个小提示,它需要 Ogrid 的横向和纵向的双重嵌套。

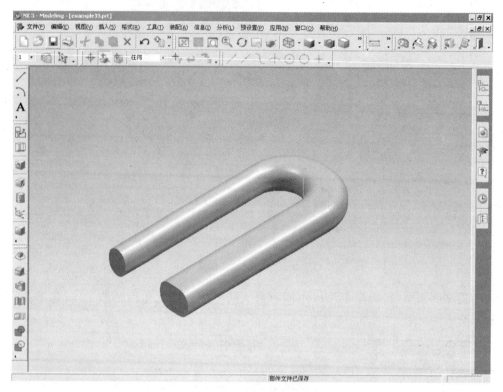

图 5.134　圆形截面圆弧回转通道

第6章　网格无关解

在第4章中已经做了边界层网格,并且看到,边界层网格可以提高边界附近的流场分辨率。但边界层不能保证计算结果的准确性,只能用尽量少的网格来获得尽量精确的解。提高计算精度的终极方法仍然在于增加网格数量。

5个网格和10个网格的计算精度显然是不一样的。有限体积方法,原则上是网格数越多越精确。当网格无限小、网格数量无限多时,差分方程将变成微分方程,数值解将成为精确解。

显然,无法要求无限多网格。但幸运的是,人们在计算实践中发现,对同一个问题,如果不断增加网格数量,当网格数量增加到某一数值后,再增加网格数量,计算结果变化将越来越小甚至不再变化。此时的解称为网格无关解。可以说,网格无关解是能获得的最精确的数值解。

下面,将通过一个做过实验的内冷通道实验件,讲解网格无关解的验证过程,并分析计算结果和实验结果之间的差异。

6.1　几何模型及物理问题

如图6.1所示为一个变截面带肋回转通道。用实验研究方法对流传热问题进行研究时,经常将流动参数和传热参数分开测量。流动参数指流量(或速度)、压力(或总压),传

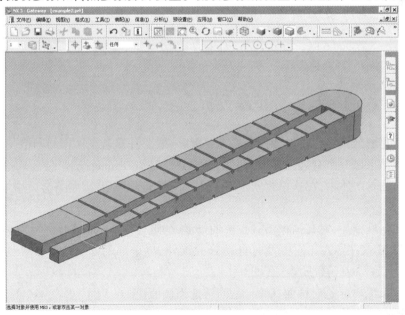

图6.1　变截面带肋回转通道

热参数指温度(或热流)。在这个例子中,将只计算该通道内的流动问题,并将计算结果和实验结果进行比较,找出其内在规律,分析其中出现差异的原因。

如图 6.2 所示,这个实验件为对称结构,计算时将只计算一半的模型,对称面上将设置对称边界条件。(可以思考一下,对称边界条件意味着什么? 滑移绝热壁面。每个软件中都会给出对称边界条件这一类型,但完全可以用滑移绝热壁面代替。)实验件有一个入口和一个出口。

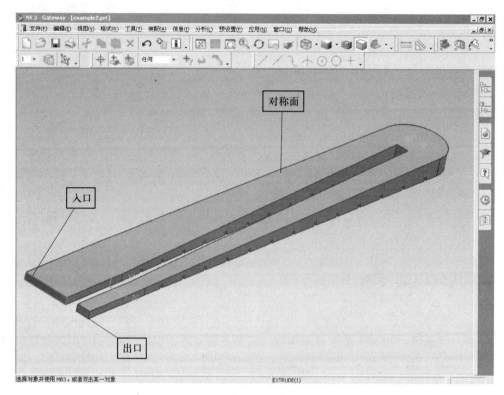

图 6.2　实验件各部分名称

6.2　第一次网格及计算结果分析

第一步是划分网格。由于要做网格无关解,一般要计算若干次不同网格,所以建议大家能对计算结果做一个有效的管理,例如编号,并及时写 readme 文件,注明每个计算的主要特征。如图 6.3 所示,在这里建立了一个 001 文件夹,将第一次网格尝试结果放到该文件夹中。

导入几何模型后,对几何模型做必要的修复、分组处理。从图 6.4 的实体树中可以看到,除了 ICEM 软件导入几何模型时自动分的组外,将全部的面分为了 6 个组。In 是入口,Out 是出口,Back 是带肋表面(图 6.4)。

Rib 是肋面,Sym 是对称面,Other 是回转通道侧面(图 6.5)。

要验证网格无关解,首先要考虑有多少个网格参数要设置。

首先是 1 个总体网格参数。其次是 1 个面网格参数。计划只在肋面做面加密,其余

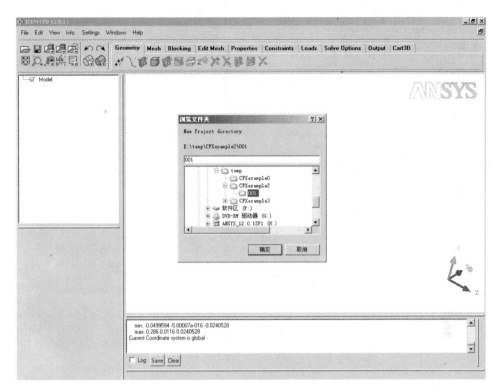

图 6.3　建立 001 文件夹

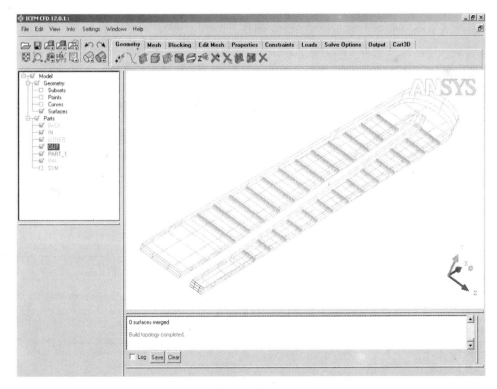

图 6.4　实体树

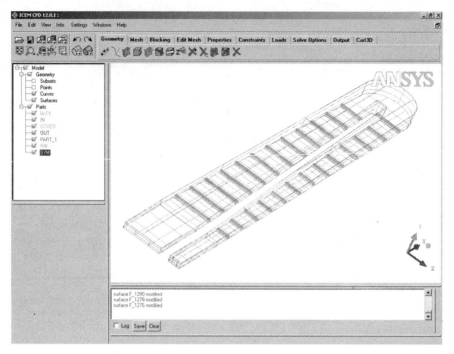

图 6.5　实体树

面不加密。由于肋面大小都一致,所以一个参数就可以控制。最后是 2 个边界层网格参数。边界层网格要在所有的壁面都做,包括 Back、Rib 和 Other。对称面、入口和出口这 3 个非壁面区域不需要做。由于流动条件(速度、压力)在整个模型内变化不大,所以这些边界层参数可以设为一致。边界层要控制 3 个参数:①第一层网格尺度。②相邻 2 层网格尺度比例。③层数。一般网格尺度比例都是 1.2,该参数可以不变。所以边界层参数是 2 个。

　　整个模型一共 4 个网格参数。为使验证网格无关解过程不要太复杂,先将边界层参数固定。最简单的边界层网格参数就是层数为 0,即没有边界层网格。所以开始将不加边界层,来看网格无关解。

　　网格无关解的验证一般是查看一些我们关心的主要参数是否变化。这个计算最关心的参数是进出口总压差,将用这个参数判断网格无关解。表 1 所示是本模型涉及到的全部网格参数和判断参数。

表 1　模型网格参数和网格无关解判断参数表

参 数 名 称	参 数 单 位
网格尺度	mm
肋表面网格尺度	mm
第一边界层厚度	mm
边界层总层数	—
边界层总厚度	mm
网格数	—
进出口总压差	Pa

192

首先设置总体网格参数,如图 6.6 所示。本模型以 m 为单位,通道入口高度为 10mm,所以将最开始较粗的总体网格设置为 2mm。可以看到,Scale Factor 是 2,最大单元尺度是 1mm,实际的最大单元尺度是 1mm×2＝2mm。

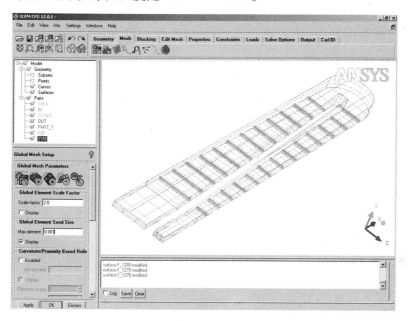

图 6.6　总体网格参数设置

由于肋的尺度是 2mm×2mm,所以在肋表面需要加密。肋表面选择为总体网格尺度的一半,为 1mm。由于前面将 Scale Factor 设置为 2,所以设置的数是 0.5mm(图 6.7),实际生成网格时就将按照 1mm 生成。

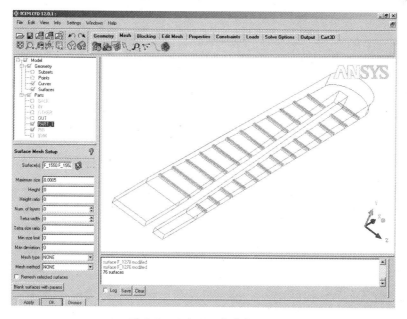

图 6.7　肋表面网格参数设置

网格加密,尤其是没有边界层时的加密,常常是总体各处同时加密。开始通过经验将各处网格尺度的相对比例设置好,之后验证网格无关解时,只要改变 Scale Factor,所有的网格设置都会随之变化。这就是用 Scale Factor 的好处。否则每个参数都要一个个变,相当于重新设置了一遍,比较麻烦,并且容易出错。

如图 6.8 所示为生成好的网格。

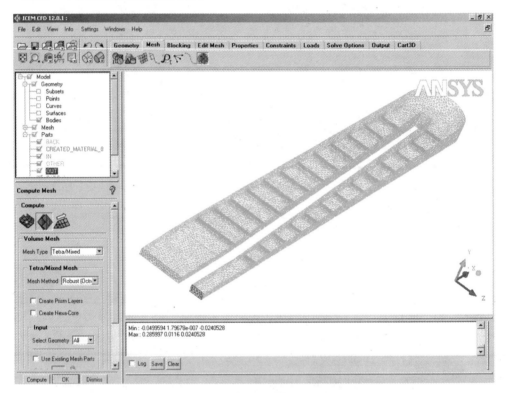

图 6.8　生成好的网格

如图 6.9 所示为放大的网格,从图上可看出,网格质量还可以。两个通道面间的网格能达到 10 个以上。由于计算的是半模,所以通道面和对称面之间网格只要达到 5 个就可以做计算了。这种网格计算出的结果定量不一定准,但定性看速度矢量图还是不错的。

如图 6.10 所示为在 CFX 中设置好的计算模型。

下面来看看设置的细节。

图 6.11 是求解域设置。Domain type 选择 Fluid Domain,即整个计算域求解质量守恒方程和动量守恒方程。流动介质是理想空气,其遵循理想气体状态方程,并且分子量是 28。参考压力是 101671Pa。前面章节讲过,实际压力都是计算压力加上参考压力。为了后面和实验做比较,这里的参考压力值实际上取的是实验时的大气压力。

由于整个实验过程中温度变化很小,可以认为是等温气体,即没有能量交换。设置整个求解域的温度为 17℃,如图 6.12 所示,这实际上也是实验值。

如图 6.13 所示为入口条件,给的是实验状态的质量流量。

194

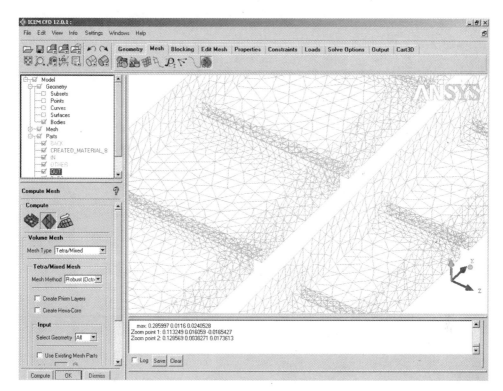

图 6.9　放大的网格

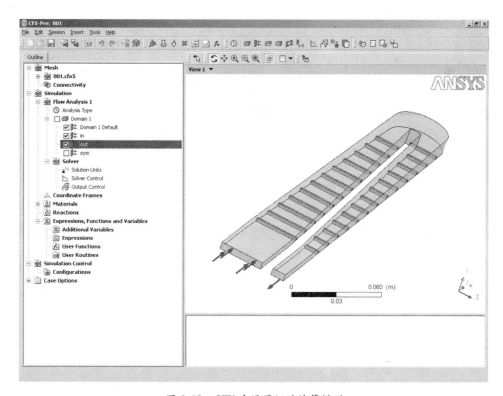

图 6.10　CFX 中设置好的计算模型

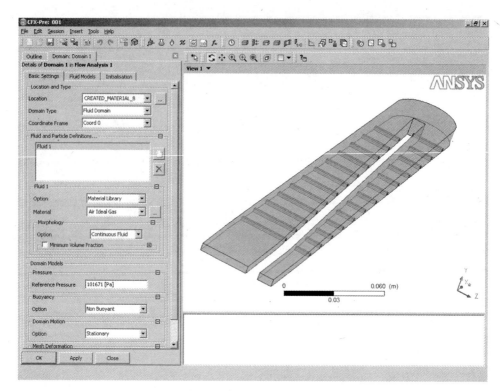

图 6.11 求解域设置

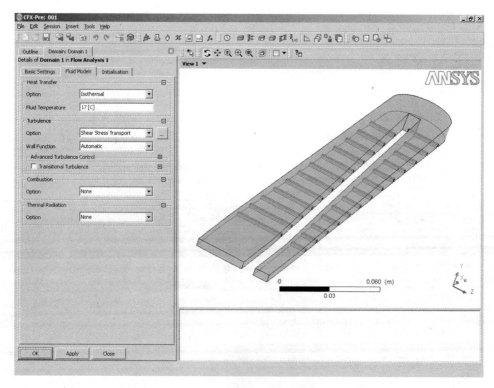

图 6.12 求解域的温度设置

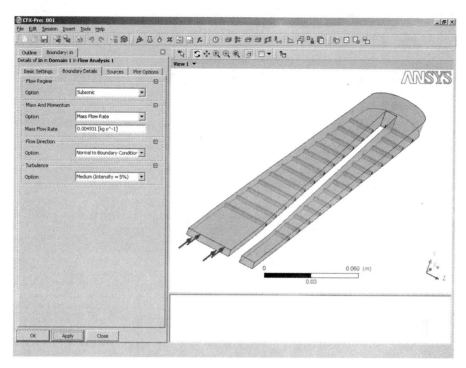

图 6.13　入口条件设置

如图 6.14 所示出口条件。由于实验时出口直接对着大气,且实验时气流速度不高,所以出口静压设为 0Pa。

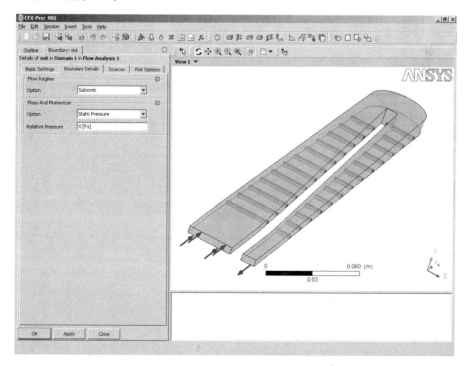

图 6.14　出口条件设置

如图 6.15 所示为对称面条件。对称面不需要做任何设置。

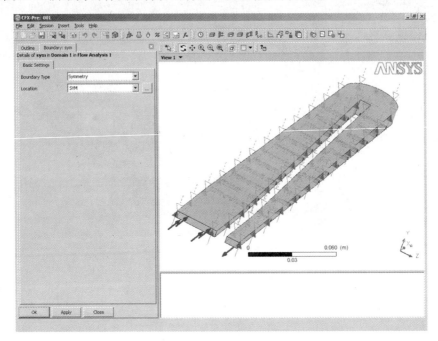

图 6.15　对称面条件设置

对于实际问题,要将求解残差确定为 1e−06,并要尽可能达到这一残差。一般的经验是,1e−04 的流场定性还可以,定量不行。1e−05 的流场可以给工程设计做参考,但定量还是不够精确。要定量准确,通常要达到 1e−06,如图 6.16 所示为求解控制参数。

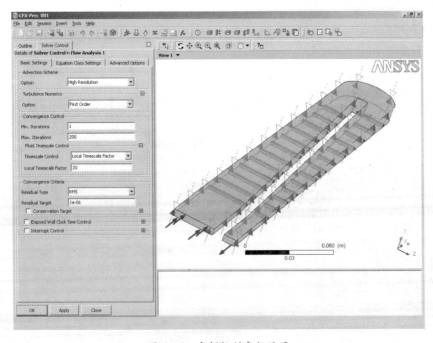

图 6.16　求解控制参数设置

图 6.17 是计算过程。从曲线中看出,求解很快就结束了,收敛也非常好。

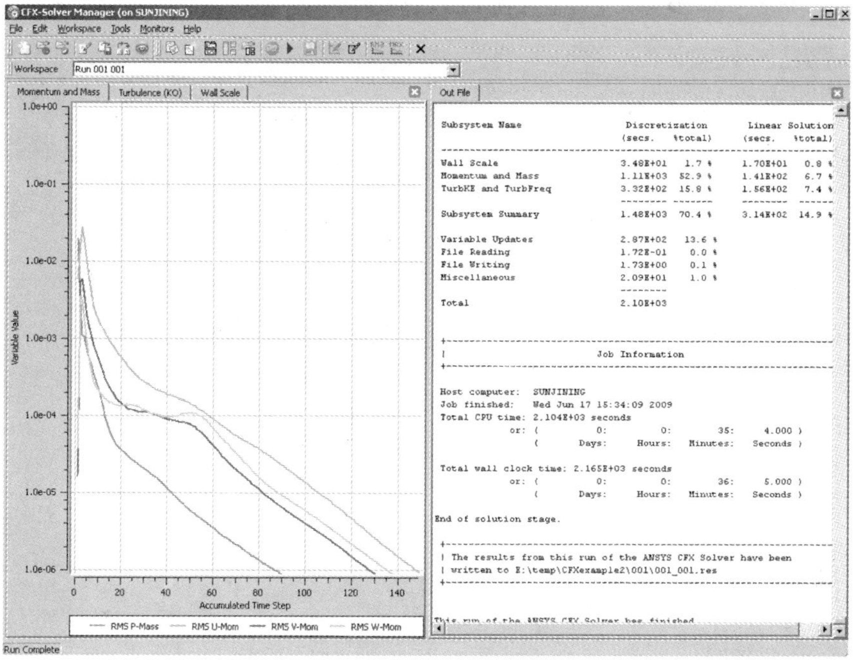

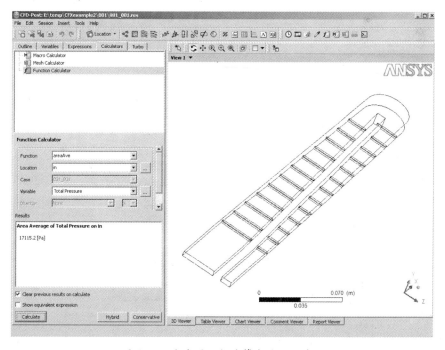

图 6.17　计算过程

再来看看求解结果。实验结果是总压差,所以计算结果也要看这个总压差。如图 6.18 所示为通过内置函数计算出的入口总压。

图 6.18　由内置函数计算出的入口总压

如图 6.19 所示为计算出的出口总压。通过这两个值,可以算出总压差,下面介绍一个更方便的方法。

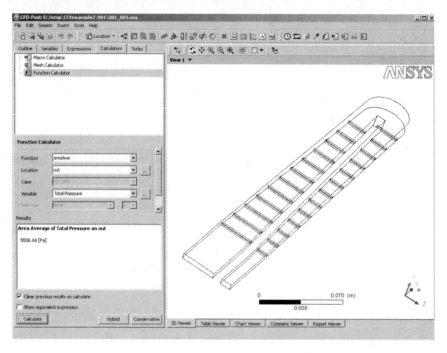

图 6.19　由内置函数计算出的出口总压

转到 Expression 标签页,右键单击 Expressions,选择 New,如图 6.20 所示。

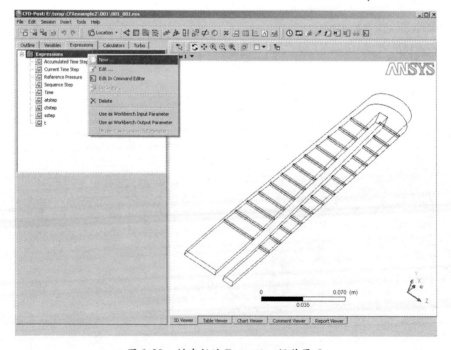

图 6.20　创建新的 Expression 操作界面

建立一个 DTP 表达式,如图 6.21 所示。

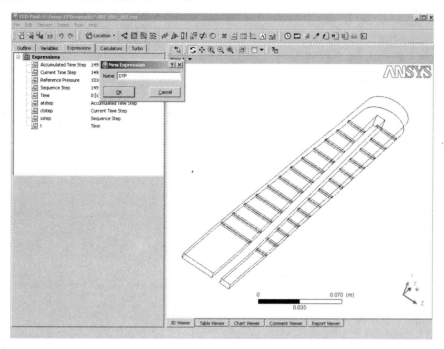

图 6.21　创建新的 Expression

在图 6.22 的表达式定义窗口输入函数。函数可以手写,也可以用 CFX 提供的右键功能选择。

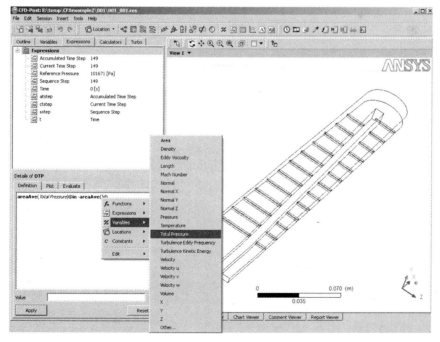

图 6.22　表达式定义窗口输入函数

通过如图 6.23 所示的函数定义,可以直接得到进出口总压差。记录下这个数字,11608.5Pa。

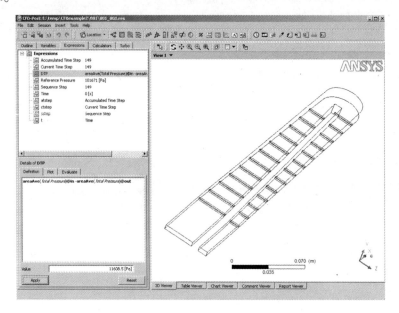

图 6.23　通过函数定义得到进出口总压差

6.3　无边界层网格计算结果对比分析

再做第二次尝试。在 002 目录下,将 001. project 保存,并将 Scale factor 改小为 1.7,如图 6.24 所示。Scale factor 缩小一半,网格就要增加 8 倍。

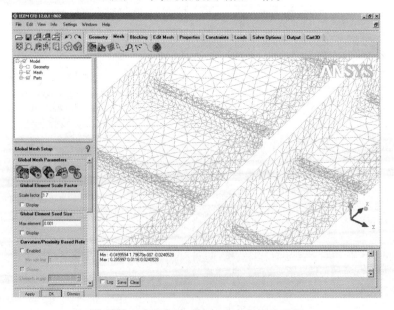

图 6.24　更改 Scale factor 为 1.7 后的网格

图 6.25 是 002 的总压差计算结果。

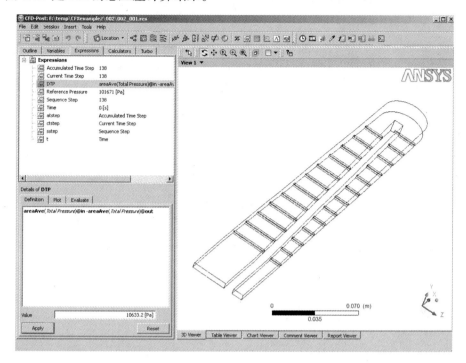

图 6.25　Scale factor 为 1.7 的总压差计算结果

逐渐缩小网格尺度。图 6.26 是 003. prj,网格尺度 1.5。

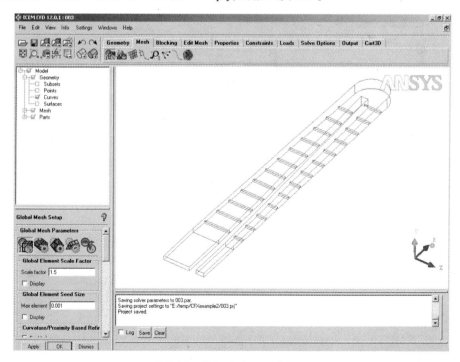

图 6.26　将 Scale factor 改为 1.5

图 6.27 是 004. prj,网格尺度 1.2。

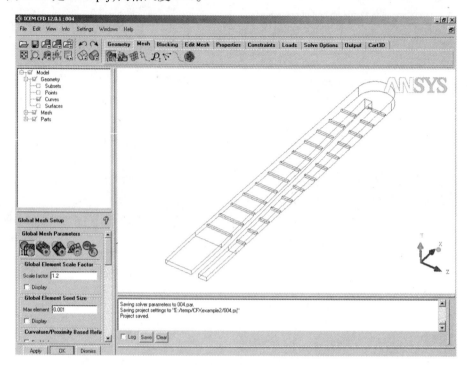

图 6.27　将 Scale factor 改为 1.2

图 6.28 是 005. prj,网格尺度 1.1。

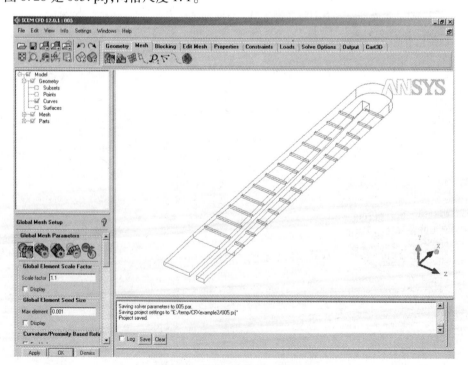

图 6.28　将 Scale factor 改为 1.1

表 2 所示为无边界层网格的参数,网格数和进出口总压差表,图 6.29 是相应的进出口总压差随网格数变化曲线图。由图 6.29 可以看出,当网格尺度 1.2mm,肋表面局部加密 0.6mm 时,再减小网格尺度增加网格数量,解不再有大的变化。

表 2　无边界层模型网格参数和进出口总压差表

	网格尺度 /mm	肋表面网格 尺度/mm	第一边界层 厚度/mm	边界层 总层数	边界层总 厚度/mm	网格数	进出口 总压差/Pa
网格 1	2	1	—	—	—	41537	12217
网格 2	1.7	0.85	—	—	—	66731	10159
网格 3	1.5	0.75	—	—	—	94968	9340
网格 4	1.2	0.6	—	—	—	167405	8255
网格 5	1.1	0.55	—	—	—	208993	8236

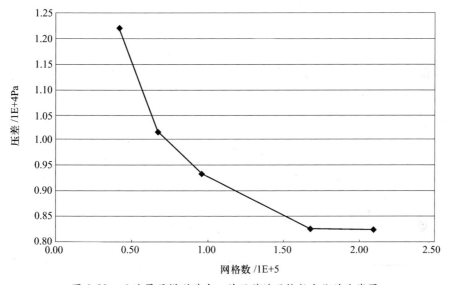

图 6.29　无边界层模型进出口总压差随网格数变化的曲线图

图 6.30 是对同一问题做多次计算的一种管理模式。可以采用自己习惯的模式,但无管理地乱放是不行的。

图 6.30　对同一问题做多次计算的一种管理模式

6.4 有边界层网格计算结果对比分析

试着确定边界层网格参数。

先将用 002 的总体网格做边界层网格参数的尝试,确定出网格无关解对应的边界层网格参数后,再用 004 的总体网格参数和相应的边界层网格参数生成最终网格进行最终计算。

这样做其实隐含了一个假设,即总体网格参数和边界层网格参数对最终结果的影响是相互独立的。这个假设的合理性,但没有理论依据,从我们的计算经验看,只要总体网格参数合理,这个假设获得的结果可以让人接受。

将 002project 另存为 0021,并保存到 0021 文件夹中,如图 6.31 所示。

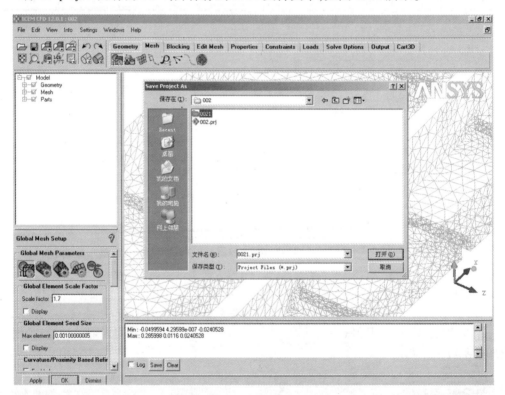

图 6.31 将 002project 另存为 0021

如图 6.32 所示为入口一个角的局部放大网格。

所有的壁面处拉伸边界层网格,包括 Back、Rib、Other。

注意,Prism 网格参数不受 Scale Factor 参数控制,所以输入的参数,都是真实值。

输入第一层网格是 0.10989mm,共拉伸 3 层,如图 6.33 所示。

说明一下,这个界面是在 Compute Mesh 中的 Prism 的界面,这个界面上的设置将覆盖 Global Setup 中的相关设置。

如图 6.34 所示为拉伸后的边界层网格。

如图 6.35 所示为在 Post 里看切面上的内部边界层网格。

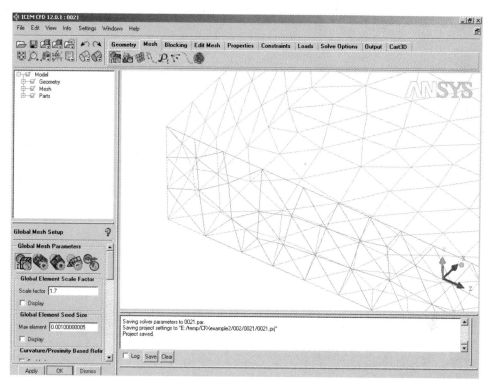

图 6.32　入口一个角的局部放大网格

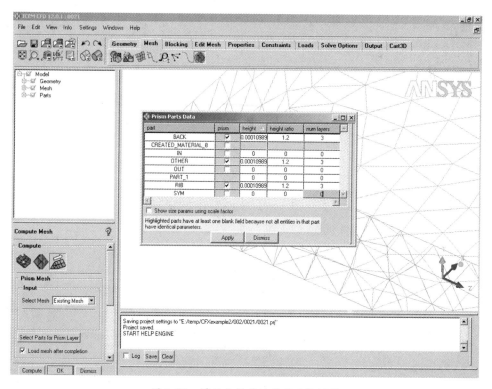

图 6.33　壁面处拉伸边界层网格操作

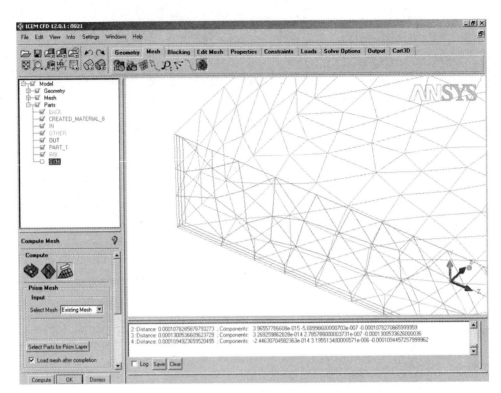

图 6.34　拉伸后的边界层网格

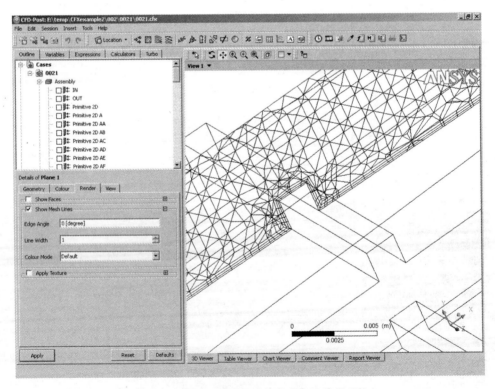

图 6.35　在 Post 里看切面上的内部边界层网格

表 3 所示为边界层模型网格的参数,网格数和进出口总压差表,图 6.36 所示为相应的进出口总压差随网格数变化曲线图。可以看出,增加边界层网格后,总压差提高。随着边界层网格数和网格高度的增加,压差变化不大。可以认为,3 层边界层,第一层网格 0.164835mm,即总高度 0.6mm 这样的参数可以获得网格无关解。

表 3　边界层模型网格参数和进出口总压差表

	网格尺度 /mm	肋表面网格 尺度/mm	第一边界层 厚度/mm	边界层 总层数	边界层总 厚度/mm	网格数	进出口 总压差/Pa
网格 2	1.7	0.85	—	—	—	66731	10159
网格 21	1.7	0.85	1.0989	3	0.4	112821	10900
网格 22	1.7	0.85	1.6484	3	0.6	108947	11000
网格 23	1.7	0.85	0.8063	5	0.6	142116	11100

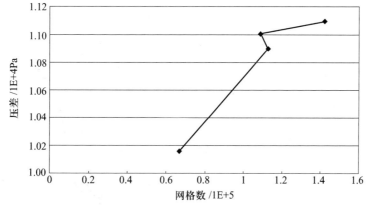

图 6.36　边界层网格参数变化和对应的进出口总压差

因此,最终确定用如下参数进行计算:

网格尺度 1.2mm;

肋表面网格尺度 0.6mm;

边界层网格层数 3 层;

第一层网格 0.164835mm,即边界层网格总高度 0.6mm。

6.5　计算结果和实验结果对比分析

表 4 和图 6.37 所示为直肋不同工况的计算和实验的对比。用来做网格无关解的工况是第 3 个工况(流量 20)。可看到,通过网格无关解,计算结果和实验结果差异很小。

表 4　直肋计算结果和实验结果对比表

体积流量	实验总压差/Pa	计算总压差/Pa	计算精度
12	3680	3600	0.98
15	10100	5490	0.54
20	9200	9897	1.08
25	14800	16182	1.09
30	21900	25500	1.16

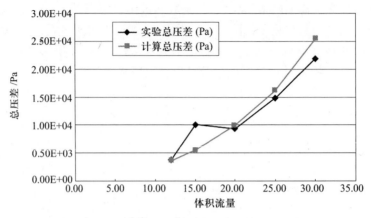

图 6.37 计算不同工况的计算和实验的对比

图 6.38 所示为另一个斜肋实验件的计算和实验结果的对比。由于计算结果在中大流量时差异较大,所以对流量 20 的工况重新做了网格无关解的验证。网格无关解验证结果表明,该计算结果没问题。

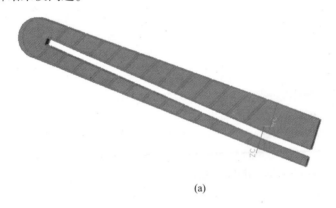

(a)

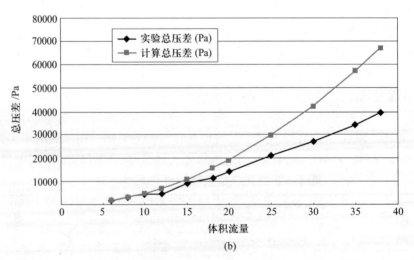

(b)

图 6.38 斜肋计算和实验结果对比

(a)斜肋实验件几何模型;(b)总压差随体积流量变化对比曲线图。

210

我们将直肋和斜肋的结果放到一起进行对比,如图6.39所示。

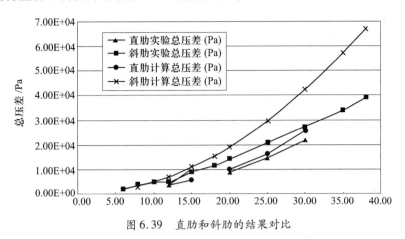

图 6.39　直肋和斜肋的结果对比

我们看到,无论直肋还是斜肋,小流量时计算结果和实验结果符合都比较好,大流量时误差较大,而且流量越大,误差越大。原因如下。先看斜肋结果,在流量较小的 3 个点,二者符合的非常好。但到第 4 个点时,压差没有像计算结果的光滑曲线那样上扬,而是一个平台。这个点显然有问题。第 5 个点,压差再次上扬,但上扬的幅度没有像计算结果那样大。到后面的点,误差越来越大。再看直肋结果。第一个点符合非常好。第二个点显然是实验坏点,可以忽略。第三个点是做网格无关解的点。误差稍大,计算压差略大于实验压差。但二者的差异小于斜肋同工况的差异。后面两个点也是同样。

实验结果和计算结果都是有误差的。它们和真解都有差异。计算的误差体现为理论误差和数值误差。现在通过网格无关解,数值误差已经很小。理论误差在这样的简单流动中,可以忽略。

实验误差有测量误差和系统误差。测量误差可以通过多次观测消除,系统误差则不能消除。现在二者的差异,一定是至少其中一个出现了很大的误差。对于流阻实验,我们的实验件都是要密封的。最容易想到的可能性是实验件的密封在实验过程中出现了损坏。在斜肋实验中,前 3 个点是小流量,误差不大。很可能在第 4 个点时,密封出现了损坏。到第 5 个点时,实验者做了修补,但修补的不够好。到后面的点,漏气现象始终存在。在直肋实验中,密封要好一些,所以没有出现较大误差。

通过本节课程可以了解如何尽可能减小数值误差,获得尽可能精确的数值解。并希望读者学会如何分析实验和计算之间的误差。对于简单流动现象,只要找到了网格无关解,这个计算结果就是足够精确的。如果和实验结果差异较大,最可能的就是实验模型和计算模型之间存在差异。在本例中,实验模型是漏气的带肋通道,计算模型是不漏气的带肋通道,二者的结果差异较大是正常的。如果有可能重新做一次实验,二者的结果误差将会减小。

内 容 简 介

随着数值求解技术和计算机技术的日益成熟,计算传热学已经逐渐成为流体及传热研究的基本手段之一。尤其是近年来商用 CFD 软件的普及率越来越高,操作界面越来越简便,极大地促进了流体及传热专业人员的学习热情。ANSYS CFX 是国内普及率较高的软件之一,并且由于 ANSYS 公司对 Fluent 软件的收购及改造,ANSYS CFX 的普及率预计将会更高。但目前还没有 ANSYS CFX 软件的入门级教材,学习者主要基于软件自带的培训教程学习。这些培训教程主要是为了介绍软件的各种功能,而不是教学习者如何解决某个专业问题。为了帮助流动及传热专业人员更快、更好地学习掌握 ANSYS CFX 软件,作者从对流传热专业角度出发,通过讲解典型传热问题的算例,让读者了解如何用 CFX 解决对流传热问题,同时学习 CFX 软件中求解对流传热问题相关功能的使用方法及技巧。

本书主要内容包括:CFX 软件简介;CFX 软件结构;对流传热基本求解过程;边界层网格;六面体网格和网格无关解讨论。

本书假设读者了解传热学及计算传热学的基本概念,如质量守恒、动量守恒、能量守恒、网格、迭代求解等。

本书可作为高等工科院校流动及传热相关专业的高年级本科生及研究生的教材,也可以供 ANSYS CFX 初学者参考学习。